THE DEVIL'S DINNER

A Gastronomic and Cultural History of Chili Peppers

Stuart Walton
スチュアート・ウォルトン　秋山 勝［訳］

トウガラシ大全

どこから来て、どう広まり、どこへ行くのか

草思社

THE DEVIL'S DINNER
A Gastronomic and Cultural History of Chili Peppers
by
Stuart Walton

Japanese translation rights arranged with
St. Martin's Press, LLC.
through Japan UNI Agency, Inc., Tokyo

トウガラシ大全◉目次

トウガラシ大全◉どこから来て、どう広まり、どこへ行くのか

ローズマリー・スタークをしのんで――

イントロダクション◉世界中で愛されている香辛料

トウガラシムーブメント

本書を書いている時点で、世界一辛いトウガラシとして認定されているのは、〝スモーキン・エド〟ことエド・カリーが開発したキャロライナ・リーパーという品種で、サウスカロライナ州のパッカーブット・ペッパー・カンパニーで栽培されている。(1)

トウガラシの辛さを示すスコビル値は一〇〇年前から使われてきた。ウィンスロップ大学が計測したキャロライナ・リーパーのスコビル値（SHU＝Scoville Heat Units）は一五六万九三〇〇SHUである（マキルヘニー社のあの「タバスコ」のスコビル値は二五〇〇から五〇〇〇SHUぐらい）。一五六万九三〇〇SHUというのは、粉に挽《ひ》いたこのトウガラシを砂糖水で溶かしていき、辛味が消えるまでには、一五〇万倍以上も希釈しなくてはならないという意味である。一滴も希釈しないまま口にしたら、一五〇万回生まれ変わってもこのトウガラシの辛さを記憶し続けることにもなりかねない。

キャロライナ・リーパーは小粒でかわいらしい姿をしており、色は緊急治療室の真っ赤な表示灯に似ている。表面には細かなシワが寄っており、先端にはスズメバチの針に似た、鋭い小さな角が突き出ている。全体に角張っているので形は小さなパプリカのようでもあり、とくに付け根部分は本当によく似ている。キャロライナ・リーパーをひと口かじれば全身が燃え立つが、パプリカのほうはまったく辛くなく、スコビル値はゼロである。北ヨーロッパの食料品店の店頭にパプリカが並び出した一九六〇年代、パプリカは辛くて、ぴりっとした味がするはずだと大勢の人たちが思った。この誤解は、おそるおそる食べてみた人たちが増えたあともしぶとく残った。パプリカの色は赤い。赤いトウガラシならタバスコのようなホットソース〔トウガラシを原料にしたソース〕に加工されるか、あるいは瓶詰めの粉トウガラシとして、ゆで卵に振りかけたり、グヤーシュ〔牛肉と野菜を煮込んだハンガリーの伝統料理〕にかけたりして温かそうな照りを料理に添える。

トウガラシの普及期、丸のままのトウガラシはアジアや西インド諸島の食料品を扱う店でしか売られておらず、そうした店に中国やインド、カリブ出身の人たちはわざわざ買いに出かけていた。いまではどこのスーパーマーケットでもトウガラシは置かれている。これ抜きではメキシコ料理やタイ料理、インド料理を語れないのは誰もが知るところとなったが、トウガラシをめぐる俗説は根強く残り、実が小さいものほど辛いとか、赤い実のほうがピリピリするとか、辛さの成分は種に含まれているといまも変わらず信じている人がいる。

当初のぎこちない出合いとは打って変わり、その後、アメリカでは熱狂的にトウガラシを支持する運動《ムーブメント》が起こり、アメリカ南部に深く根づいただけではなく、運動はやがてこの国の全土に広がり、各地でお祭りが開かれ、知的な話題として語られるようになった。トウガラシベースのソースが何種類も作られ、専門のデリカテッセンからファストフードチェーンのメニューまで、あらゆる店で食べることができるようになった。イギリスでもホットソースのブームが起こり、一年を通して行われている各地のトウガラシフェスティバルと結びついた。この祭りは辛さを純粋に求める活動の中心で、トウガラシの早食いや大食い競争がよく催されている。競技に参加する恐いもの知らずの激辛フェチのなかには、さながら国際的なテニスツアーのため世界をかけめぐるひと握りのトッププレイヤーのように、圧倒的な強さで勝利を独占している者がいる。

禁断の味覚を知った人たち

アングロサクソン系のアメリカ人は、トウガラシにかつて恐ろしいイメージを抱いていたというが、そのトウガラシがいまや一大産業となり、ひとつの文化として確立した。ニューメキシコ州立大学ではトウガラシ研究所が設立され、二〇〇六年には、当時、世界で最も辛いトウガラシはブート・ジョロキアであると認定した。ブート・ジョロキアはインドの東北部で栽培されているトウガラシで、辛さはキャロライナ・リーパーの三分の二、約一〇〇万SHUを記録していた。トウガラシ研究所は、品種改良を目的した年次会議や研究プログラムを通じ、トウガラシの文化と美食のイメージを料理人や消費者に献身的に伝えるとともに、そもそも哺乳類に食べられないために進化してきた灼熱の辛さを、この食物ならではの最も魅力的な特徴に変えてきた。

トウガラシの文化とは、辛さに対する生物学的な本能をめぐり、それを克服して得た食の勝利だ。強い酩酊感をもたらす多くの薬物と同じように、トウガラシも口にしたとたん、官能的な愉悦をただちに味わえるが、同時に激しい痛みの余波に見舞われる。余波は一瞬の間を置いて湧き起こり、ひとかけらほどの量でも、口にした後悔で呆然とする辛さだ。トウガラシを刻んだ直後の手で何気なく目をこすった者、アイポッドのイアフォンを耳に刺した者はもちろん、その後、トイレでも地獄のような苦痛にのたうちまわる（ネットのフォーラムに寄せられた話では、こうした痛みに見舞われたとき、そこにヨーグルトを塗るといいらしい。また効果はいささか劣りそうだが、外を走って外気で冷ますという手もある。人目もあるのでこちらはいささか勇気がいる)。だが、この程度のことで筋金入りのトウガラシフェチはくじけない。それどころか、痛いからこそ彼らはさらにのめり込んでいくのである。

トウガラシはひとつの食物――香辛料として、食材として、西側世界の代表料理チリコンカンとして――から、ひとつの生き方、食物との出合いを軸とした建設的な原理へと変わった。長らく栄養や滋養を授けるものと考えられてきた食物が、人生を変える体験になったのである。規制薬物をめぐり、個人の自由と社会の破壊という矛盾に引き裂かれた文化のもとで、トウガラシムーブメントは、ドラッグをめぐるサブカルチャーの食物版として広がってきた。摂取するのがトウガラシだけなら、この運動自体は法的にまったく問題はない。もっとも、トウガラシに含まれる有機化合物カプサイシンが、一〇〇パーセント純粋な場合、過剰摂取はがんを誘発することを理由に、欧州連合（ＥＵ）では二〇一一年一月から食品への添加が禁止されている。

しかしそうではあっても、トウガラシをめぐる文化では、胃の繊細な細胞や料理そのものの調和をわざわざリスクにさらしてまで、さらに辛さを増した品種を開発しようと競い合っている。新しい品種のどれもが燃えるように辛くなっていくのは、路上で売買されているドラッグと変わりはないだろう。こうしたドラッグもその効き目をますます高めている。研究者のなかには、トウガラシの辛さを求めること自体が一種の薬物依存で、辛さに対する耐性が徐々に高まると、それまでのレベルでは物足りなくなるという根強いパターンができるので、さらに辛いトウガラシを求めるようになると指摘する者もいる。

だから、火のように辛いトウガラシを使う食文化では、こうしたトウガラシが何世紀にもわたって必要とされてきたのだろう。トムヤムクンから始まるタイ料理の場合、味蕾《みらい》はたちまちねじ伏せられ、無慈悲にもこのスープの味さえわからなくなってしまう。ナムプラー（魚醤）の塩気の利いた辛味、ライムの絞り汁の鋭い酸味、レモングラスやトマトでさえ猛烈に辛いのは、どの料理にも細かく刻まれたひとつかみの赤トウガラシが加えられ、白熱の辛さの波となって逆巻いているからである。このような責め苦のあと、すっかり柔《やわ》になった味覚で、次にどんな料理が味わえるのだろうか。

世界最後の理想郷《シャングリラ》として知られるヒマラヤ山脈の小さな王国ブータン、この国ではトウガラシは単なる香辛料ではなく、まさに食べ物そのもので、やわらかいチーズをいっしょに煮込んだ料理（ブータンの伝統料理「エマ・ダツィ」）の主役であり、さらに酢漬けのトウガラシが風味づけの薬味として食事のたびごとに出てくる。おそらくブータンには、インドを経由して十八世紀ごろにトウガラシは伝来した。この国ほどトウガラシの到来を心から喜んで迎え入れた土地はあるまい。小世帯な家でも、「シャ・エマ」と呼ばれる地元産のトウガラシを、毎週少なくとも二・二ポンド（一キロ）は当たり前のように買い求めている。

ブータンの人々は老いも若きもトウガラシを食べている。トウガラシを食べるときその顔は、この味を知ったことを後悔するように涙で濡れている。小さなころから食べているので、子供の繊細な口蓋も早いうちから辛さには慣れている。食べると体のなかから暖まるので、標高の高い国で冬を過ごすには命を左右する食べ物だ。発汗作用で体にたまった毒も効果的に排出できる。なによりいいのは、辛い料理を食べると精力がつくところだとブータンの人たちは口々に言う（メキシコのベラクルス州や中国四川省の短気な連中も同じことを口にしている）。食べると体の芯に火がついて、幸せの波が体のなかから発散されていく。これほど満ち足りた思いにさせてくれる食べ物がほかにあるというのか。よき食べ物とはまさにトウガラシのことである。世界の屋根と峡谷に抱かれ、ブータンの首都ティンプーでは空気さえ薄い。このうえ料理まで味気なくては、何もない惨めさがますます募ってくるばかりである。

欧米では、トウガラシへのこだわりは、バーベキューや自分のシャツは自分でアイロンがけするような男だけの楽しみだと考えられている。トウガラシの早食いや大食いを競い合うのは、年齢やウエストサイズに比例して衰えていく闘争本能に訴えるものがあるからだ。また、どこからどう見ても体に悪そうなものを食べることは、スリルはもちろん、向こう見ずな新手の格闘技に手を出すようなものなのである。競技には女性も参加しているが、男性に比べれば数は圧倒的に少ない。それについては一考してみる価値がある。体を焦がすような激しい官能に身を委ねるのは、むしろ男らしさの現れなのだと彼らは考えている。この手の男性特有の心理は、おそらく、たいていの女性にはわかってもらえないだろう。

激辛を競うリングに手強い新顔が登場すれば、宣伝文が読み上げられるが、その文言は美味を訴える一般のグルメ情報とはまったく売り文句が異なる。イギリスの栽培家ジェラルド・ファウラーが、ナガ・ヴァイパー（一三八万二一一八SHU）を紹介した文章はそうした文言の典型だ。ナガ・ヴァイパーは、ファウラーが二〇一一年に奇跡的に開発した品種で、彼の小さな農場は雨の多いイングランド北西部のカンブリアにある。「ペンキさえ溶け出す辛さ」だとジェラルド・ファウラーはうれしそうに評していた。

イギリスの男性誌「マキシム」の取材でキャロライナ・リーパーを試した記者のスティーブン・ロ

ーカートは、「悪魔の×××を口に押し込まれたみたいだ」[2]と書いていた（「おそらくこんな感じ」というひと言をローカートは忘れている）。シワが寄ったこの小さな実のＳＨＵは一五〇万を超えている。しかし、これほどの辛いトウガラシはどのように使えばいいのだろう。超激辛のほかのトウガラシと同様、開発者であるパッカーブット社のエド・カリーもホットソースやサルサのベースとして使っている。舌が火傷するのを覚悟して口にしなくてはならないほど辛いホットソースだ。

アメリカ大陸からヨーロッパへ

コロンブスの時代にヨーロッパに渡るとたちまち世界中に伝播していったトウガラシ、その歴史は、食物のグローバリゼーションを物語るまぎれもない実例のひとつだ。しかもその辛さは、これを食する者に対して「口にしてはならない《ニル・バイ・マウス》」と説いたはずと思わせるほど激しい。このような食べ物はほかにはないだろう。そうした点でもトウガラシは、きわめてユニークな食物である。トウガラシのない世界の料理を想像してみることは、砂糖が存在しない世界の料理がどんなものか想像することに似ている。砂糖もその昔、熱狂的に愛した少数派の美食家たちによって洗練されてきた食べ物だった。もっとも、砂糖は舌の肥えた裕福な者のあかしで、大がかりな栽培によって、奴隷貿易の拡大という、歴史的に途方もない悲劇を生み出してしまう。

一方、トウガラシは、この食物ならではの得がたい長所によって世界に広まり、強烈な辛さと滋養とあいまって、その土地ならではの料理の食材として根づき、貧しい庶民が食べる料理を生み出してきた。オーストリア＝ハンガリー帝国の蒸し焼き鍋《キャセロール》やスープのようにじっくりと煮込むことでヒリヒリする風味をいくぶん和らげた料理がある一方、インドのムガール料理はトウガラシの焼けるような辛味をいまなお存分に放っている。帝政ロシア時代の正統派修道院料理はずいぶんと穏やかな味になったが、中国やベトナムでいまも朝食として食べられている粥は、一日の始まりに発破をかけてくれる。

寒さが厳しい北方の国々には、ウォッカやシュナップスにトウガラシを加えてアルコールの効能を高めることで体を暖めるという、酒好きにはたまらない利用法がある。いまでは、ショット用やカクテル向けに、トウガラシを原料にしたウイスキーやビール、リキュールが売られている。トウガラシを原料にしたリビングや自動車の消臭剤も作られている。ティエリー・ミュグレーのエンジェル・メン（A☆MEN）は、男らしさにこだわって調合された香水で、コーヒーとバニラの香りとともに、赤トウガラシの香りがほのかに加えられている。どれほど上品な物腰で振る舞っても、女性の官能をそそってやまない男でいられることを感じさせる香りだ。

新大陸へのはじめての探険後、ヨーロッパに持ち込まれたトウガラシ――おそらく後述するカプシカム・アニューム種に属する一種――は万能の食材になった。丸のままの実は油や酢、塩で保存することができる。パプリカ（スペインではピメントン）のように乾燥させ、粉に挽けば香辛料となり、またスープ料理やじっくり煮込む料理の味付けにも使うことができた。このように広く用いられることで、海外から到来した食べ物というトウガラシの経歴は忘れ去られていった。その一方で、上流階級の者がこの実のしゃれた食べ方を編み出したことでトウガラシの人気が高まり、やがて庶民のあいだにも手ごろな価格の、日常的に口にできる食べ物として広まっていった。

ただ、ヨーロッパの上流階級にトウガラシが広く受け入れられたのは十八世紀中頃になってからで、トウガラシの辛さがかなり穏やかに改良されてからのことである。去勢にも等しいこの改良を経て、上品なフランス料理では、混合スパイスの脇役のひとつになった。イタリアでは、慎重な品種改良で焼けるような辛さが取り除かれ、口当たりのいいピーマンが生み出されると、イタリア料理のペペロナータ、バスク料理のピペラード、プロバンス地方の郷土料理ラタトゥイユ、シチリア島のカポナータなどには欠かせない食材として普及していった。

トウガラシの魅惑的な「赤」

トウガラシの実は、熟すと大半の種類が赤く色づく。トウガラシの魅力的な特徴という点では、色そのものはとくに関係していない。だが、料理になるとこの色がものをいい、見た目の特徴に乏しいコメ料理の格好のつけ合わせとしてまたとない彩りを添える。トウガラシが到来するまで、実は、ヨーロッパには真っ赤に色づく野菜は存在していなかった。いちばんそれに近い色をしていた野菜は根を食用にするビートだったが、トウガラシのような燃え立つ緋色ではなく、沈んだ紫色をした、どちらかといえば重い色である。赤い果実はあったが（トウガラシの実も果実である）、トウガラシのように鮮やかで、野菜として食べられていた果実はほかになかった。

ヨーロッパでは古くから、赤は「炎」「危うさ」「怒り」「血」を連想させ、あるいは「霊的な危険」や「不義」と関連づけて考えられてきた。色に対するこうした文化のもと、トウガラシは「激情」や「短気」、あるいは「官能的で、危険な魅力」を象徴するものと考えられてきた。また、ヒポクラテスとガレノス〔ローマ帝国時代のギリシャの医学者〕の「四体液説」では、トウガラシはどのタイプに分類されるのか、それについて詳細な論議が何度も交わされてきた。栄養学のある権威は、トウガラシは香辛料、辛い食べ物だから激しい気性の持ち主はトウガラシを避けるべきだと説いていた。別のある学者は、ああ見えてもトウガラシは果物で、果物は体を冷やすから、沈鬱なタイプ、粘液質のタイプの人間は口にすべきではないと唱えていた。

最終的にこの問題は、トウガラシの原産地に根づく呪術的医術の定義に基づいて決着を見ることになった。メキシコのナワ族を研究するトーマス・J・イバッハは、「薬というものは、伝統的なものであれ、現代のものであれ、その薬の色、あるいはその薬の味や感触が引き起こす反応によって分類されることが多い。赤やピンクの色を帯び、灼熱感や刺激的な感覚をもたらすなら、たいていは〝辛い《ホット》〟に分類される」(3)と述べている。

入植したヨーロッパ人はなかなか認めなかったが、原産地では、トウガラシは媚薬としても用いられていた。アステカ人は、トウガラシにカカオとバニラを加え、効果絶大と考える媚薬を調合していた。十六世紀になると、ヨーロッパでもトウガラシには催淫効果があると唱えられ、男性に対して実際に処方されていた。スペインでは十九世紀までそうした風習が続いた。肉欲を高めるからと言って、神父はトウガラシ料理を折に触れてはとがめ、トウガラシはまったく無害だという話を鵜呑みにしないよう諭していた。

ソーセージスパイスによく使われることに加え、種類にもよるがその形が男性器や睾丸にも似ていたので、古くからこれこそ男性の食べ物、天然のバイアグラと考えられていた。若くて、ホルモン旺盛な男性の性的欲求を刺激するという同じ理屈で、不感症の薬としても処方されるようになると、その後、バスク地方では子宝を願って結婚式でトウガラシが焼かれるようになった。インドにはアチャール(トウガラシを漬けたインドのピクルス)の香りをつけたコンドームがあり、この香りに敏感に反応する人がいる。最近ではSMプレーのひとつとして、トウガラシオイルを塗ったコンドームが使われている。溶けたロウソクやジャンプワイヤーよりはるかに痛そうだが、トウガラシがいかに激しいセックスを連想させるかを雄弁に語る事実であり、苦痛と快楽が表裏一体の官能であるのかというあかしだ。

新しい味覚との出合い

このような探究心旺盛なパートナーに私はまだ出会えず、得がたい喜びをいつか知る日を心待ちにしているが、その激しい恍惚感は、トウガラシを食べることでいくぶんか体感できそうだ。いま私の目の前には、スコビル値が約一万SHUと記されたジャマイカ製のチリソースが置かれている（ソースの六五パーセントはスコッチ・ボネットとハバネロをすりつぶしたものからできている）。スコビル値はタバスコのおよそ五倍。そのまま香辛料やディップとして使えるし、調味料やマリネに加えてもいい。

このチリソースを小さじ一杯口にしてみた。最初の印象は果物の豊かな味わいで、熟したトロピカルフルーツのみずみずしさを感じる。だが、次の瞬間、舌先に焼けるような辛さが走ると、口いっぱいに痛みが広がる。ソースをのみ込むと、今度は喉の奥に辛さがヒットする。このソースの伝統製法として、マスタードが多めに加えられているので、鼻をつんと衝く酸味のアクセントがかすかに感じられる。だが、圧倒的な印象は、煮えくりかえった熱湯をそのまま口に注ぎ込まれたという思いだ。のみ込んだあとも、舌の前半分の燃えるような灼熱感は消えず、むしろますます激しくなっていく。

口にしてから三分、痛みは耐えがたく続き、いても立ってもいられなくなり、そのまま放っておくこともできず、手当てが必要なほどである。喉の痛みは鎮まったが、唇の内側のほうにまで痛みは広がりつつあった。しかも、いちばん激しい舌の痛みはそのままである。口のなかで舌をわずかに動かすと、その瞬間、目がチカチカするような痛みに跳び上がる。口にしてからすでに五分、痛みが鎮まる気配もない。鼻水が流れ出し、呼吸も少し荒くなってきた。舌先が少し赤くなっている。小さじ一杯のソースを食べてから約一〇分、息をスースー吸い込んで、腫れあがった舌を冷ましていると、ようやく焼けるような痛みも鎮まり始めたが、きわめて遅々としていてなごり惜しげだ。

この手のソースの味覚分析は、単に味わいを調べればすむというものではない。味そのものは、辛味と酸味に果物の風味が合わさったものだが、同時に舌触りという感触が非常に大きくかかわっている。皿の脇にこのソースを添えて料理を食べれば、違った味わいの料理に変えることができる。素材の風味はそのままだが、素材の本質はさらに強い味わいをもたらす味覚の支配下に置かれている。トウガラシを原料にしたホットソースは、調味料であると同時に、新しい味覚との出合いなのである。好ましいとされる食体験は数多いが、それらとトウガラシが違うのは、トウガラシの場合、食べるたびにかならず新しい体験をもたらしてくれる点にある。

世界で最も多彩に利用され、最も愛されている香辛料であるトウガラシ――本書はそのトウガラシについて、植物としての特性や食物としての歴史、さらに文化としてどのような意味を帯びた食べ物なのかを調べたものである。

◉トウガラシ（chili）の表記について

現在、トウガラシ（chili）という単語は三通りの表記で綴られている。米語ではChiliと記されることが多く、イギリスや英語を公用語とする国ではchilleという綴りが用いられている。スペイン語らしいということから、アメリカ南西部の州ではChileのほうが好まれ、スペイン語圏の中央アメリカから南アメリカでもこのスペルで綴られている。もともとはナワトル語に由来する語で、先コロンブス期の象形文字として動物の皮にも刻まれていた。三語のうちどれがいちばん正しいというわけではない。本書では、引用文や機関などの固有名を除いてchilleと綴っている（訳出に際しては「トウガラシ」を基本とし、必要に応じて「チリ」「唐辛子」「ペッパー」の表記が用いられている）。

第1部

◉

トウガラシとは何か

Part One : Biology

第1章◉われらが愛すべき香辛料――トウガラシのすべて

発祥の地はどこか?

トウガラシは成長すると草丈二四~三六インチ(六一~九一センチ)になる多年草で、茎は多数に枝分かれしている。イヌホウズキやジャガイモ、トマト、ナスと同じナス科に属しており、青々と茂った低木のような外観を持つものが多い。葉はつやつやしており、茎の節ごとに一枚ずつ決まった角度で葉をつけ(互生《ごせい》)、その形は楕円もしくは、先のほうがとがった槍の穂先のような披針《ひしん》形をしている。

開花期になると、五本のオシベを持つ、白もしくは淡い紫色の釣り鐘状の花をつける。実の形はさまざまで、なめらかな表面をした丸いベリー状のものがあれば、いかにもトウガラシらしい、細長くて肉の薄い果実まであり、実の中央部にある胎座《たいざ》にたくさんの種子をつける。実は熟すると、緑色、黄色、オレンジ色、赤色、スミレ色、暗褐色と種類によってさまざまに色づく。温帯性の土地では一年草の作物として栽培されている。また、食用ではなく鑑賞用のために栽培されている種類もいくつかある。

野生のトウガラシはどこで進化を遂げていったのか、その正確な場所については謎に包まれたままである。太古の遺跡のゴミ捨て場や陶器に残されていたトウガラシから、野生のトウガラシははるか紀元前七〇〇〇年からすでにメキシコで採取され、料理に使われていたことがわかっている。栽培種のトウガラシの最古の痕跡は紀元前五〇〇〇年までさかのぼり、場所はメキシコ南西部、現在のプエブラ州、オアハカ州、ベラクルス州にまたがる一帯に広がる。こうした栽培種のトウガラシは、最後の氷河期にアメリカ大陸に渡ってきたモンゴロイドがはじめて出合った野生のトウガラシ種だった。アジアと北アメリカを分かつベーリング海の北方には、当時、ベーリング地峡が広がっていた。彼らはこの地峡を渡ってアメリカ大陸を南へと進み、熱帯地方へと移動していくにつれ、食用にできるさまざま自生の植物と出合い、それらを自分たちの食べ物のひとつに加えていった。

ただ、中央アメリカの定住農耕の村落で、トウガラシをはじめ、さまざまな植物の栽培が始まったからといって、その場所がトウガラシの原産地を意味するわけではない。古植物学者たちは現在、中央アメリカのトウガラシは、南アメリカ大陸の内陸部（最も可能性が高いのは、セラードとして知られるブラジル中央部の広大な熱帯性のサバンナ地帯）から、自然分散によってここに運ばれてきたのではないかと考えている。分散の主な担い手が鳥で、トウガラシの原産地でその実をついばんだ鳥が、北へと移動する途中でトウガラシの種子を排出したのだ。この方法で、トウガラシは中央アメリカにおける自生地を徐々に広げていった。哺乳類と異なり、鳥類はトウガラシの辛さには反応せず、また実を食べる際、種子を嚙みつぶすこともないので、種子は鳥の消化器官を素通りしてそのまま体外に排出される。

栽培種の分散については、南アメリカ大陸の北部一帯のみならず、パナマやカリブ海のパナマ諸島周辺についても明らかにされている。二〇〇七年二月の「サイエンス」に掲載された考古学上の発見は、リンダ・ペリーが率いるスミソニアン協会の自然史博物館の研究チームによってなされた。この発見によって、すでに紀元前四一〇〇年の時点で、原産地から遠く離れた地域でも系統だったトウガラシ栽培が行われ、食べられていた事実が判明したのだ。アメリカ大陸に移り住んだ人々は、早くもこの時代において作物の栽培についての専門知識を、ある地域から別の地域へと伝えていたのである。おそらくトウガラシの交易も行われていたのだろう。たくさんの残留物を調査した結果、トウガラシとともにトウモロコシの粒が残っていた。この事実は、穀物の加工方法とトウガラシがひとつになった早期の食糧生産システムが、彼ら古代人のあいだで発生していたことを示唆している。

トウガラシの原種は五種類

すでにこのころから、四種類の野生のトウガラシが人の手によって育てられていた。現在栽培されている品種はほぼ例外なく、この四種類のどれかに属している。今日、最も幅広く栽培されているのはカプシカム・アニューム種のトウガラシで、この種のトウガラシにはハラペーニョ、カイエン、ポブラノのほか、地中海料理でよく使われるピーマンなどがある。どれもアメリカ大陸に自生していた野生種のトウガラシの遠縁であり、野生種はいまでもカリブ海やメキシコ、コロンビアで自生している。

カプシカム・アニュームに続いて現れたのが、カプシカム・フルテッセンス種で、この種に分類される主なトウガラシには、タイ産の各種のトウガラシ、タバスコ、ピリピリ、マラゲータのほか、マラウイ産のカンブジ、インドネシアのチャベラウィット、また中華料理で最も有名なトウガラシで、雲南省で栽培されている小米辣《ショウミーラー》などがある。

カプシカム・シネンセという種は、おそらくこのカプシカム・フルテッセンスから生まれた。ラテン語の名称は「中国トウガラシ」の意味だが、ほかの三種のトウガラシと同じようにアメリカ大陸が原産地である（この矛盾は、十八世紀のオランダの植物学者ニコラウス・フォン・ジャカンの思い違いのせいであり、中国で広範にトウガラシが使われていたことから、フォン・ジャカンは中国が原産地と考えていた。そもそもトウガラシは、ヨーロッパの商人や探検家らによって十六世紀に中国に伝えられた）。カプシカム・シネンセに属するトウガラシは、ボネット・ペッパーと総称され、カリブ諸島のスコッチ・ボネットをはじめ、トリニダード・モルガ・スコーピオン、イエロー・ランタン、ハバネロ、またインドのブート・ジョロキアなどがある。

四番目のカプシカム・バカタム種には、「アヒ・○○」と「アヒ」の名前がついたおなじみのトウガラシが含まれる。あまり知られていないようだが、レモン・ドロップやブラジリアン・スターフィッシュなどのようにエキゾチックなトウガラシもこの種に属している。

五番目の種、カプシカム・プベッセンスは、普及の点ではいちばん限られており、おそらく古代アメリカ先住民も知らなかった唯一の品種だ。名称は「毛で覆われた葉」に由来し、野生種は存在せず、栽培種だけに限られる。ほかの種類のトウガラシとは明らかに異なる。ペルー、ボリビア、メキシコで栽培され、それぞれロコト（rocoto または locoto）とマンザーノの名前で知られる。マンザーノは「リンゴ」という意味のスペイン語で、成熟したこのトウガラシの実の形がリンゴに似ていることから名付けられた。

古代、トウガラシは主要な食物であると同時に、食以外の用途でもよく使われていた。トウガラシを火にくべると鼻を衝く煙を発する。とくに束にして燃やすとモクモクと盛大に煙をあげる。アステカやマヤ文明ではこの煙で住まいを燻《いぶ》していた（吸血虫は煙に弱い）。メソアメリカ（スペイン征服以前のメキシコや中央アメリカ）ではトウガラシは欠かせない薬でもあった。鼻づまりには辛い香辛料がよく効くが、タイやインドのレストランにはこうした経験に基づいたメニューがたくさん用意されている。トウガラシの栄養価が学術的に裏づけられるはるか以前から、トウガラシを日ごろから食べている者に頑強な者が多い事実はよく知られていた。現在、トウガラシには鉄分、カリウム、マグネシウムをはじめ、ビタミンA、各種のビタミンB複合体（とりわけビタミンB_6）、さらにビタミンCなどが豊富に含有されていることがわかっている。

さまざまな環境のもとで栽培

トウガラシが各地でなじみの食素材となったのは、トウガラシが高緯度の土地でも確実に栽培できる数少ない作物で、冬のあいだ乾燥させて保存すれば、その辛さを変わらずに保つことができたからである。考古学上の研究でとくに興味を引かれるのは、多岐にわたる調理容器から微量のトウガラシが発見された点だ。古くからいろいろな料理に幅広く使われていたことがこの事実からうかがえる。注ぎ口がついた瓶――液体をさらに小さな容器に移し替えるデキャンターのような形――からも発見されたことから、トウガラシは香辛料や肉などの他の食材のディップ用に使われていたばかりか、なんらかの飲み物としても利用されていたようである。

トウガラシは融通が利く作物で、さまざまな環境のもとで栽培されてきた。その土地の人々によって、どの種類のトウガラシが自分たちの環境にいちばんふさわしいかを目安に、各地で栽培されていた。紀元前一〇〇〇年ごろ、アラワク族として知られる人々は一〇〇〇年に及ぶ長い旅を始め、南アメリカの北東部からカリブ諸島――トリニダード、小アンティル諸島、イスパニョーラ島（現在はハイチ共和国とドミニカ共和国が統治する）——へと移動、その際に携えていたのが、南米の内陸部、灼熱の熱帯地域に分布していたトウガラシだった。このトウガラシはおそらく、カプシカム・バカタム種に属し、南米や西インド諸島で暮らす人々のあいだでは「アヒ」の名前で広く知られている品種だ。

さらに時代がくだったあるころ——正確な時代についてはよくわかっていない——もうひとつ別の種類のトウガラシが中央アメリカから西インド諸島にもたらされる。このトウガラシは熱帯よりいくぶん穏やかなここの気候に適応した。このトウガラシの名前は、土着のナワトル人（アズテック族）の言葉に由来し、以来、ヨーロッパでも広くその名前で呼ばれるようになる。その名前が「チリ」（chili）だったのである（ナワトル語は「チリ」だけではなく、スペイン語を介して、「トマト」「アボカド」「チョコレート」を意味するヨーロッパ言語の語源となった）。

栽培化が始まったころのトウガラシはどのような姿をしていたのだろうか。植物史の研究者たちは、栽培種のトウガラシの先祖はチルテピン（chiltepin または chiltecpin）の名前で知られるカプシカム・アニューム種のトウガラシではないかと考えている。チルテピンの原生種は、現在でも中央アメリカ、南アメリカ、さらにアメリカ南部の州などの広い地域で自生している。例年、秋や冬になって、メキシコ北西部のソノーラ州、あるいは山がちな地形のアリゾナの砂漠で自生するトウガラシを集めるのはたいへんな作業である。

チルテピンは小ぶりな丸い形か、もしくはわずかに楕円の形をした実をつけ、熟すとその色はオレンジがかった赤になる。辛味強度はきわめて高い。チルテピンという名前もナワトル語に由来し、語幹の「テピン」（tepin）は「蚤」という意味で、「小さなもの」を表している。サイズは慎ましいが、蚤のひと噛みのような強烈な辛さがあり、スコビル値は一〇万SHU前後である（トウガラシの辛味強度の測定については43ページ以降を参照）。

トウガラシの辛さは、実がどの程度熟した段階で食べるかしだいだ。若くて、まだ緑色をした実はたいして辛くもないので、酢漬けにされ、薬味として食べられる場合が多い。赤く熟してから摘み取った実は見るからに辛そうだ。乾燥させると実はさらに辛くなる。最も辛いのは、種子を取り出してから乾燥させた実である。チルテピンの辛さは「アレバタド（arrebatado）」だとメキシコ人は言う。前触れもなく突然、あるいは衝動的に体がむしり取られるような感じを表す言葉である。体を焦がすほど辛いトウガラシだが、その辛さはいつまでも口のなかでくすぶり続けずに一瞬で消え去る。

選ばれた者たちだけのごちそう

地域によっては、トウガラシは族長や長老など、部族のなかでも選ばれた者に捧げられたごちそうで、ほかの者が毎日食べられる食物ではなかったようである。メキシコ北西部とアメリカの南西部を調査した考古学者は、銅や青緑色の石、水晶などの装飾品とともに、炭化したトウガラシの種子を発掘している。この発見から一般の者はトウガラシが食べられなかったと断言はできないが、特権階級の食卓には、トウガラシは欠かせなかったことをうかがわせる。こうした地域でトウガラシの栽培が大々的に始まったのは、おそらく十六世紀早々、スペインの入植者がやってきた直後のころである。時代がはるかにさかのぼるメキシコのチワワ州の遺跡で見つかったトウガラシは、スペイン支配前の時代に行われていたごく限られた栽培で、部族の限られた階級のためだけに作られていた。

ある土地でトウガラシがエリートの食べ物とされていた事実は、先住民の世界観においてこの作物がどんな位置づけにあったのかを想像させる。その点については第2部でさらに詳しく見てみよう。素朴な物々交換の経済において卜ウガラシは通貨として使われていた一方、アステカやトルテカ帝国、マヤやインカ帝国の神話において、この作物は何世紀にもわたってさらに高貴な役割を担ってきた。トウガラシの栽培をめぐり、はるか昔の先史時代に思いを馳せるとき、先住民が口に覚えた灼熱の辛味がどのような変化を彼らにもたらしたのかを考えてみるだけでいい。先住民がはじめて経験した味だった。

先コロンブス期のアメリカ大陸では、トウモロコシ、豆、カボチャなどが一般に食べられていた。穀物、豆類、肉厚のウリ類など、いずれも栄養価は高いが、風味そのものは単調な食べ物だ。それだけにトウガラシの焼けつくような辛さは、食べるという体験を一変させた。トウガラシには消化を促す効果もある。口に入れると、アミラーゼを含んだ唾液の分泌が高まる。この酵素には、デンプン質に含まれる糖分を吸収可能なグルコースに分解する働きを助ける効果がある。いまも昔も変わりなく、トウガラシは典型的な香味料で、神様からの贈り物であると同時に、砂糖と同じようになくてはならない食材なのである。生活になくてはならないものになったことで、歴史の早い段階でトウガラシは崇高なものに祭り上げられていった。

トウガラシの強烈な風味は、部族神話において、攻撃と防御の主役を演じさせるには打ってつけだった。悪霊やこの世の害虫を退治するばかりか、邪視や災いをもたらす敵の悪意から身を守ったり、呪いを返す儀式に用いられたりしてきた。スペインの「リストラ」は乾燥させたトウガラシを束ねたお守りで、家の外壁にぶらさげたり首にかけたりする。ヨーロッパの多くの文化において、トウガラシは悪魔や吸血鬼から身を守るある種の魔除けとして、やはり刺激に富む香辛料であるニンニクと同じような役割を果たしてきた。

料理、お守りとトウガラシの利用はさまざまだ。だが、こうした使われ方がなんともおかしなものに思えるのは、そもそもトウガラシは、こんな利用をされないようにその実を辛くしてきたからである。つまり、人間などの哺乳動物に食べられないため、植物学上のたくらみとしてトウガラシは辛さを備えるようになったのである。

それでは、トウガラシはどのようにして、このような攻撃的な味を備えるようになり、一方、人間のほうは、いったいどうやってその危険な味を乗り越えてきたのだろうか。

トウガラシはどうやって辛くなったのか

トウガラシの辛さは、カプサイシンという天然成分に由来している。カプサイシンは、人間など哺乳動物の細胞に作用して激しい灼熱感を引き起こし、その激しさは深い傷を負った痛みにも等しい。人がカプサイシンに痛みを感じるのは、哺乳動物が一過性受容器電位（ＴＲＰ）チャネルという感覚経路を備えているからである。動物の細胞に触れると、カプサイシンはこの神経経路を介して、熱いという危険信号を相手に送る。火傷すると思えるほどの熱さだが、その温度はだいたい華氏一〇八度（摂氏四二度）前後だ。この辛さの生物学的な影響はのちほど詳しく説明するとして、ここでひとつ疑問が浮かんでくる。そもそもトウガラシは、なぜ、どうやってこんな防御方法を備えるようになったのだろう。

哺乳動物にはトウガラシの種子をすりつぶす奥歯がある。その哺乳動物の食欲を阻むことができれば、種子は守られ、子孫を残せない数にまで種子を減らさずにすむ。この点でカプサイシンが秀でているのは言うまでもない。一方、鳥類にはTRPチャネルがなく、トウガラシ特有の辛さは感じない。よく熟したトウガラシで胃袋を満たした鳥は、当然のことながら、糞とともに無傷の種を分散して、トウガラシの繁殖にひと役買ってくれるのだ。こうした過程を経て、トウガラシは原産地の南アメリカから大陸の北方へと広がっていった。ただし、これだけでは、もうひとつの興味をそそる疑問が残ってしまう。その疑問とは、あるトウガラシはヒリヒリと辛い実に熟すのに、辛くはないトウガラシも存在する点だ。この違いには何が影響しているのだろうか。

二〇〇一年、ジョシュア・テュークスベリー教授が率いる研究チームによって、トウガラシの自生地のひとつボリビア南東部で画期的な調査が実施された[1]。この調査を通じて、自生のトウガラシがカプサイシンを含有するようになるうえで影響を与えているのは、かならずしも鳥類や哺乳類だけではなく、半翅《はんし》目《もく》（セミ、アブラムシ、ヨコバイなどの近縁種）のカメムシ目に属するある種の昆虫の行動もかかわっていたことが明らかにされたのだ。半翅目の昆虫も自生のトウガラシを食べ、針状に突き出た長い吻《ふん》をトウガラシの実に刺し、その水分を吸い取る。哺乳類と同じく、こうした昆虫もカプサイシンの辛さに反応しているらしく、一度味見をしたあとでは、辛いトウガラシの汁は二度と吸おうとしなかった。研究チームは、昆虫の咬傷が最も多いトウガラシと、トウガラシのなかでもそれほど辛くない種類のあいだには、明らかな相関関係が存在していることに気づいた。だが、この発見のどこがそれほど画期的だったのだろう。

実は、果実にこうした咬傷ができると、湿度が高い熱帯では、浮遊する菌類が傷口から侵入してトウガラシに感染する。つまり、トウガラシが菌類に対抗して自分を守らなければ、種子にカビが生えて種子は徐々に死んでしまう。そこでカプサイシンの出番となる。カビはカプサイシンの攻撃のもとでは、成長できない。テュークスベリーのチームは、研究室の再現実験でこの過程を確認した。カプサイシンの量が増えるにしたがい、カビの生存率は低下していった。乾いた土地なら、熱帯のように湿度は高くないので、昆虫の生息数も少ない。熱帯のトウガラシと同程度のカプサイシンでカビを撃退する必要はないので、辛くない種類のものが増えてくる。反対に湿度が高い地域では、咬傷を負う機会が増えて菌類に感染しやすくなるため、辛いトウガラシがおのずと増えていく。

この事実からうかがえるのは、鳥や哺乳動物の影響を考慮する以前に、トウガラシが辛い実をつけるのかどうかは、自生地の気候条件や生息する昆虫、自然に発生するカビなどの組み合わせによって決定づけられているという点だ。しかも、古代の先住民は咬傷の少ないものほど、辛さにまさる実をつける事実を知っていたらしく、こうした種類のトウガラシを採取するようになると、やがて栽培を始めて、自分たちの食材のひとつとして取り込んでいった。

なぜ人間は辛いものを求めるのか

それにしても、さらに辛いトウガラシを求めようとする人間の嗜好はなぜ育まれてきたのだろう。太古の人たちも現代のグルメ評論家に劣らない、好きな味の良し悪しを見分ける舌を持っていたのだろうか。この問いについては、こうした想像力豊かな仮説を当てにするのではなく、もっと現実的な理由から説明がつけられる。古代のアメリカ先住民がますます辛いトウガラシに取り憑《つ》かれていったのは、辛いトウガラシほどカビが少ないばかりか、あるいはまったくカビが生えない事実に彼らが気づいていたからである。言い換えるなら、辛いトウガラシは、それ自体が保存機能を備えた食物だったのだ。

温度調節によって食物の保存が可能になるはるか以前、辛いトウガラシが持つ抗菌作用は、トウガラシそのものの保存にとどまらず、トウガラシを混ぜ込んだ食物の保存にも使えた。事実、食料が乏しい時期に食べ物を保存できるトウガラシは役に立った。そればかりかこの食べ物には、薬としての効果も期待できた。大昔の食生活では、腐敗した食べ物は、深刻な病気に共通して見られる原因で、時には命を奪うことさえあったが、これという有効な保存技術はまったくなかった。現在でも、保存技術がいちじるしく劣った地域では、細菌感染は死にいたらしめる場合がある。こうした感染に対し、トウガラシのカプサイシンには強力な殺菌効果があったので、人間はより焼けつくような辛さへの嗜好を深めていくのと同時に、トウガラシの薬用効果にもなじんでいったのだろう。

テュークスベリーの研究チームが唱えるこの仮説が正しければ、トウガラシの栽培化が始まり、普及していった事実は、人類の進歩的発展と植物の進歩的発展がたがいに足並みをそろえたことで遂げられた、最も見事な例ということになる。

辛さを生み出すカプサイシン

トウガラシの灼熱の辛さの主成分がカプサイシンだが、トウガラシの辛味成分は六種類あり、カプサノイドと総称されている。そのなかで最も辛い成分がカプサイシンで、含有量もいちばん多く、トウガラシの辛さの約七〇パーセントはカプサイシンに負っている。純粋なカプサイシンの辛さは、平均的なハバネロの約一〇〇倍に相当し、スコビル値は約一六〇〇万ＳＨＵとされるが、一六〇〇万と言われてもおいそれと想像できるような数値ではない。

十九世紀初頭、トウガラシの有効成分を分離する試みが一気に進んだ。一八一六年、純粋な形ではないものの、スイスの研究者クリスチャン・バックホルツがスペイン産のトウガラシから成分の一部を分離すると、トウガラシの属名カプシカムにちなみ、「カプシシン」と命名した。一八二〇年代を通じ、ドイツ、フランス、デンマーク、イギリスの研究者によって有効成分の分析が続けられたが、ほぼ純粋な形で抽出されたのは一八七六年で、イギリスの科学者ジョン・クラフ・スレッシュが実験を行い、カプサイシンという現在の名称を授けた。一八九八年、ドイツの科学者カール・ミッコによって、カプサイシンはついに純粋な形で単離される。

ミッコの発見は「生活必需品と嗜好品に関する研究誌」というなんとも気をそそるタイトルの学会誌に掲載された。さらに一九一九年には、アメリカの化学者E・K・ネルソンによって、カプサイシンの化学成分と化学組成が決定されると、一九三〇年には、アメリカ人研究者スティーブン・フォスター・ダーリンとオーストリアの研究者エルンスト・スパースの共同研究を通じて、はじめてカプサイシンの合成が実現した。カプシノイドのその他の関連物質は、一九六一年に日本人の研究チームによって発見されている。

昔から広く信じられている話では、カプサイシンはトウガラシの種子に最も含まれているので、欧米の料理人は実を細かく刻み、種を含めて残らず調理中の料理に加えるのだという。たくさんの種をつけたままのハラペーニョのスライスは、ピザのトッピングでもおなじみだ。だが、トウガラシの種は、いささか見た目によくない点を除けば、辛味にはほとんど関係していない。実を割って種を取り出しても、トウガラシの辛さそのものはほとんど変わらないのだ。

カプサイシンは、種ではなく果実の髄の部分、つまり種がついている白色の胎座に最も多く含まれている。トウガラシの種は胎座についているので、その辛さのいくぶんかが種にも取り込まれているだけにすぎない。その点では、トウガラシの辛さを損なわないよう、種を取ってはならないというレシピは、まったくの見当違いでもないと言えるだろう。それに胎座を残したまま、種だけを取り出すのはひと手間もふた手間もかかる。反対に辛味を抑えたいなら、種子を取り除けばいいとよく言われるが、そんなことをしてもあまり意味はない。

辛味がなぜ胎座に集中しているのか、それについては進化生物学の点からも説明はつけられる。菌類の感染に対抗しようとカプサイシンが生成される際、菌類が最も繁殖しやすいまさにその部分に、トウガラシはカプサイシンを集中させたのだ。トウガラシの果肉そのものも辛いことは切れ端を舌先に置いてみればわかることだが、トウガラシを残さず調理すれば、できあがった料理は激辛の一品になる。そのとき、とりわけ辛いと感じたときには、そのひと口に胎座の部分がきっと含まれているはずだ。

純粋なカプサイシンは、無色無臭の結晶化合物で、蠟質で油分を含んでいる。液状もしくは結晶状態のものは、欧米の国々では合法的に購入できるが、欧州連合（ＥＵ）の域内では、二〇一一年一月に食品添加物として使用することが禁じられている。もっとも、カプサイシンから抽出される精油については禁じられていない。商品のパッケージには厳重な注意が記されており、扱う際には保護用の手袋とゴーグルの着用を勧めている。数滴のカプサイシンを料理に加えることさえとにかく危なそうだが、料理以外で使える機会はあまりなさそうだ。

辛さを表す「スコビル値」

トウガラシの辛さの範囲は、栽培種はもちろん自生種も含めて非常に特定が難しい。いわゆる

「多型《ポリモルフィズム》」〔本来は同一のものが不連続的に異なる形態〕として知られる生物学的特徴があるので、辛さを人為的に測れる方法をいずれにしても編み出さなくてはならなかった。計測方法をはじめて考案したのがアメリカの薬理学者ウィルバー・リンカーン・スコビルで、この方法は現在でも使われ続けている。スコビルは一八六五年にコネティカット州ブリッジポートで生まれた。一九一二年、当時勤務していたデトロイトのパーク・デービス製薬会社でスコビルが考案した方法は、のちに「スコビル官能検査」として知られるようになる。その方法とは、異なる種類のトウガラシの辛さを、比較水準に基づいて判定するというものだった。

スコビル値がおもしろいのは、基本的に個人の主観的な判断に基づいている点だ。トウガラシの辛さを判定する際、まずトウガラシを乾燥させ、アルコールに漬けてカプサイシノイドを抽出する。それからこの抽出液を砂糖水で薄めて抽出液の濃度をさげていく。こうして用意した溶解液を、通常は五名からなる被験者が味わってその辛さを判定するというものだ。砂糖水による希釈は、被験者の過半数――最低三名――がこれ以上、辛さを感じなくなるまで続けられる。砂糖水による希釈はかならずこのレベルに達するまで繰り返され、辛味が感じられなくなった時点で数値として確定される。たとえば、五〇万倍の砂糖水を加えたときにトウガラシの抽出成分の辛さが感じられなくなったとしたら、このトウガラシからは五〇万スコビルの測定値が検出されたことになる。

このような検出方法だけに、非難もあったことは想像にかたくない。第一に、ある個人の「とても辛い」は、別の個人には「非常に穏やか」かもしれないので、被験者の判断基準を平準化するなんらかの方法を最初に確立させておく必要があった。第二に、辛さを感じる舌の味覚受容体には、被験者一人ひとりで大きなばらつきがある点だ。人によっては、トウガラシの辛さに生まれつき敏感な者もいる。一定の時間、集中的に辛味に触れていると、トウガラシの辛さのレベルにはすぐに慣れてしまうので、被験者は一回の検査で一種類のサンプルしか試せない。

トウガラシの品評会に出向き、コーナーからコーナーへと味見してまわった人ならおわかりのように、舌はトウガラシの辛さにたちまちなじんでしまい、平均的な辛さと燃えるような辛さの区別ができなくなってしまう。また、この検査法の手順には別の問題が生じる可能性も否定できない。カプサイシンの濃度がますます微量になっていく溶液から検出しなくてはならない点を踏まえると、まったく新鮮な溶液ならただちに気がつくことができても、多くの被験者の舌が慣れてしまうことで、薄い溶液ではカプサイシンの辛さが感じられなくなってしまうかもしれないのだ。

正確さの点で多くの問題はあったが、信頼に足る検査法がほかになかったので、スコビル検査は二十世紀の大半を通じて利用されてきた。一九八〇年代に開発された高速液体クロマトグラフィーという手法によって、従来よりも客観的に辛さの相対的な評価がくだせるようになった。装置には、内側が硬質で吸水性の面を持つチューブが取り付けられており、このチューブに圧力をかけてカプサイシンの溶液を通すと、溶液中のさまざまな成分が分離され、それぞれ固有の成分容量によって解析される。同様のプロセスは、アスリートの尿からドーピングを検出する検査にも用いられている。

計測結果の数値は、アメリカ香辛料協会（ASTA）の刺激単位によって決定される。一ASTA単位は、約一六スコビルに相当する。スコビル値が三万二〇〇〇SHUのタバスコは、約二〇〇〇ASTAの表示単位に変換できる。ただ、スコビル官能検査そのものが人間の舌に頼っているので、両者の変換表にもある程度の曖昧さが残っている。

とはいえ、香辛料業界では、加工前の原料からトウガラシのペーストやレリッシュ（ハーブや香辛料を細かく刻んで混ぜた薬味〕などの製品の辛味を測定する際、スコビル値のほうが好まれている。このような事情から、いくつか但し書きが必要だとはいえ、本書では、ＡＳＴＡ単位ではなくスコビル値でトウガラシの辛味強度を記している。

激辛→エンドルフィン→ドーパミン

すでに説明したように、トウガラシに触れると痛みを感じるのは、カプサイシンの巧妙なたくらみのせいである。トウガラシに触れた部分を、人間の体が火傷をしたと思い込んでしまうのだ。カプサイシンは、ＴＲＰＶ１《トリップ・ブイワン》と略称される一過性受容体電位バニロイドサブタイプ１に結びついてこの感覚を引き起こしている（カプサイシンも、バニラビーンズの主成分であるバニロイド類〔官能基のひとつで、バニリル基を含む化合物〕の一種）。

このグループに属する受容体の主な作用は、過度の熱や酸性や腐食性の物質に触れたときの痛み、また擦り傷を負ったときに覚えるような痛みを引き起こすことで、障害部位を体に認知させる点にある。ＴＲＰＶ１を経由してこの痛みが脳に達すると、今度は体が傷つけられているというメッセージが神経系に伝えられ、危害を加える原因を避けるように警告が発せられる。熱いものにうっかり手を触れたとき、その瞬間に手を引っ込めてしまうのはそのせいなのだ。

トウガラシや激辛料理を食べ、口に火がついたようになっているのに、舌そのものは火傷を負っていないといわれても素直に信じられる話ではない。ただ、実際に火傷など負っていない点を除けば、脳はことごとくだまされ、熱い物に触れたような反応が現れる。汗が噴き出して顔面は紅潮し、血管は広がり、舌も真っ赤になってしまう。トウガラシのこうした性質は、哺乳動物や爬虫類や昆虫を尻込みさせ、食べられないようにするには十分だったが、高度に発達した知性を持つ人間は、古くからトウガラシの見せかけの手口を見抜いていた。トウガラシには主だった五つの種類があり、五つの地域に分布して栽培されてきた。この事実は、科学的な知識が確立されるはるか以前、トウガラシの忌避信号は無視できる知恵を人類が持っていたことを示している。

ただし、トウガラシを食べ、あるいは触っただけでも病的な苦痛を訴える人がいるのも紛れもない事実である。この点については明らかにしておく必要があるだろう。このタイプの人たちはトウガラシアレルギーの可能性が考えられる。トウガラシを食べたことで、発疹や皮膚に炎症が起きたのかもしれない。食品工場では、皮膚を保護しないまま常時トウガラシに触れ続けていると、「フーナンハンド症候群」という、激しい痛みを伴う皮膚炎を起こす場合がある。病名は、辛い料理で知られる中国の河南省《フーナン》に由来している。河南省の中華料理店で、焼きトウガラシの皮を剝いている者たちのあいだではじめて特定された症状であり、以来この名前で呼ばれている。トウガラシの過度の辛みは胃腸にも障害をもたらし、症状はとまらないシャックリから吐き気、下痢にまで及ぶ。場数を踏み、痛い思いをしなければ、自分の限界はわからない。場合によっては、いっさい口にしないのがいちばん安全な選択かもしれない。

燃えさかる激しい痛みをとにかくなんとかしたいなら、乳脂肪を含む食品を口にするといい。冷たいミルクやヨーグルト、なかでもアイスクリームがいちばんだ。それらで炎症が鎮まるのは、カプサイシンが脂溶性だからで、乳製品にも含まれる「カゼイン」というタンパク質がカプサイシンに対し、ちょうど消火器のような働きをしてくれる。脂溶性なので食用油でも同じような効果があり、また意外にもエタノールにも溶けるので、アルコール類でもいいだろう。ひと口かふた口の冷えた白ワインでも牛乳と同じ効果が得られる。また、パンをひとかじりし、口に残った胎座からカプサイシンを吸い取ってもいい。多くの人が経験しているように、水を飲んでも効果はない。カプサイシンは水になじまない疎水性なので、水にはほとんど溶けないのだ。氷水や冷水を口に含めばしばらくは痛みも鎮まるが、水を飲み込んだその瞬間、激痛がぶり返す。やはり牛乳に尽きるようだ。

トウガラシの灼熱感が快感か苦痛かは、強烈な癖を持つ味わいをどう感じるかという個人の嗜好に負うが、同時にカプサイシンは、人体の器官に対して格別の恩恵ももたらしてくれるようである。カプサイシンによって引き起こされた疼痛性の刺激の結果、脳からは脳内麻薬のひとつ、生体物質のエンドルフィンが大量に放出される。こうした物質は、痛みの信号を脳に伝達する機能をはばみ、モルヒネ系を中心にした大多数の鎮痛剤と同じように、非常に強い満足感や幸福感を生み出している。

ということは、違法薬物のような言い方になってしまうが、スパイシーで、激辛の料理をたくさん食べる人たちは、「トウガラシハイ」と呼ぶべき恍惚感を追い求めているということになる。もしかしたら、トウガラシ中毒と自称する人たちは、カプサイシンが放出するエンドルフィンの恍惚感を目当てにしているのかもしれない。それだけではない。カプサイシンを摂取すると、強力な神経伝達物質であるドーパミンも放出される。ドーパミンも幸福感と満足感をもたらす物資で、この点を踏まえると、灼熱の辛さに口を焦がすことに自虐的な情熱を捧げる人たちの気持ちもわからなくはない。この点については第3部でさらに詳しく考えてみよう。

ただ、エンドルフィンとドーパミンにはひとつ問題があり、収穫逓減の法則にしたがって作用している点だ。効果は、ある点までは増加するが、その点を超えるとしだいに減少していく。筋金入りのマニアが、最強の辛さを持つトウガラシを絶えず市場で探し求めたり、あるいは、チリコンカンを作るたびにトウガラシの量が少しずつ増えていったりするのは、しだいに鈍くなっていく多幸感に対し、はじめて味わったあの強烈な体験をもう一度味わおうとしているからなのだろう。シェイクスピアがソネットの五二番で歌っているように、「四六時中見ていては、めったにない喜びも薄れるもの」である。楽しみを満喫しすぎては、喜びも徐々に薄れてしまい、同じ効果を得るには量を増やさなくてはならなくなり、その結果、はじめの快感はいよいよ遠のいていく。

とはいえ、トウガラシを常習的に食べているからといって、脳内物質による快感の感受性が鈍くなるなどと気に病むことはないだろう。エンドルフィンを放出する引き金となるのは痛みだけではないからだ。激しい運動やセックス、また笑うだけでも快楽反応が引き出されることがわかっている。そもそも、そんなことは慎めと水を差すのは、他人の幸せを憎むひねくれ者のやることだ。

トウガラシで寿命が延びる?

二十一世紀を迎え、食と健康の関係をめぐっては、プラスの関係、マイナスの関係など、さまざまな関連が当たり前のように叫ばれるのがありふれた光景となった。この食べ物がいいとか、あの食べ物がいいとか、正しい食事に気を使う人たちほど、突拍子もない理論のせいで毎日振りまわされている。こうした理論はまったく奇抜な食事方法に基づき、寿命を何年延ばせるとか、ウエストから贅肉を落とせると唱えているケースが少なくない。

こんな食事法は、世の中の流行とともに移り変わり、無敵とされた昨日の食事法は、今日になってしまえばまやかしの健康法になり果てている。いまでもまだ、グレープフルーツを毎日続けて食べている人などいるのだろうか。トウガラシやスパイス料理についても、健康上の効果はしかるべき注意とともに扱うべきで、現時点では、その効果の大半は今後のさらなる栄養学上の評価を待っている状態だ。

ただし、トウガラシには体にいい栄養素が豊富に含まれていると断言できる。前述したように、植物性食物として、これぞトウガラシという未加工の赤トウガラシは、食物繊維の塊のような食べ物で栄養価も高い。ビタミンB_1（チアミン）、B_2（リボフラビン）、ビタミンB_3（ナイアシン）、B_9（葉酸）だけでなく、ビタミンA、ビタミンB_6も豊富で、鉄分、マグネシウム、リン、銅などの有用な成分だけでなく、カリウム、マンガンも多量に含まれている。

以上のビタミンやミネラルはいずれも人間の食事には不可欠な栄養素ばかりで、高い栄養価を含むトウガラシは、私たち人類の祖先の繁栄にひと役買ってきた。ナトリウムの量は少なく、コレステロールは皆無だが、成熟した実にはおよそ五パーセントの糖分が含まれている。標準的なトウガラシの場合、重量は約一・五オンス（四二グラム）で、カロリーは一八前後だ。

栄養価をめぐる以上のデータからすると、トウガラシを豊富に使った食事には、感染症を予防するばかりか、コラーゲンを生成して維持し、髪や皮膚をつややかにする効果（ビタミンCの抗酸化作用）のほかに、全身の細胞を再生させ、とくに赤血球の生成（鉄分と銅）を促すと自信をもって断言できそうだ。また、視力を正常に保ち、加齢に関係する黄斑変性症の予防（ビタミンA）にも関係し、さらに血管の緊張を和らげることによって血圧の上昇を抑え、血液の循環を健康な状態に正してくれる（ビタミンB_9とカリウム）。高密度の善玉コレステロールの生成を育む一方で、低密度の悪玉コレステロールの分解（ビタミンB_3）を助けることで心臓血管に改善をもたらす。

これらの点をすべて検証しようと、近年、世界中の研究チームが、トウガラシを大量に食べる住民の健康状態や平均余命を分析する目的で調査を実施してきた。二〇一五年八月の「ブリティッシュ・メディカル・ジャーナル」（ＢＭＪ）誌には、中国医学科学院の研究チームが行った調査が掲載されている。調査は五〇万人の被験者集団を対象に、七年間かけて行われ、その結果、トウガラシの摂取頻度に応じて、平均余命が延びている事実が明らかにされた(2)。

さらに、トウガラシ料理を食べない被験者に比べ、定期的に摂取している被験者のあいだでは、心疾患、脳卒中、悪性腫瘍、糖尿病、呼吸器系疾患などで若死にするリスクが低い点を発見した。いずれの病気も、世界に共通する主要な死因だ。トウガラシを週に一回から二回食べている人では、こうした病気にかかるリスクは一〇パーセントさがり、ほぼ毎日もしくは毎日食べる人の場合で一四パーセント低かった。結果に男性、女性の性差はなかった。この報告書の編集に携わった一人は、このような医学的な所見とトウガラシの摂取のあいだに一貫した関係が存在するのかどうか、それを断定するにはいっそうの研究が必要だが、観測データを見るかぎり、きわめて有望だと記している。

前述したように、カプサイシンには強力な抗菌作用があり、昆虫の咬傷で果実の内部に発生したカビの繁殖を阻んでいる。同時にほかの食材といっしょにトウガラシを使うことでその食材の保存が図られてきた。カプサイシンのおかげで、トウガラシ料理には抗菌作用が加わり、これを食べる者は感染症や他の食材の腐敗による病気から体を守ることができる。食品を媒介にしている病原体の約七五パーセントはカプサイシンによって死滅するので、トウガラシを使わない料理に比べると、食中毒の発生をかなりの割合で抑えられるのだ。

昔から、トウガラシは肥満を防ぐと言われてきたが、この仮説を裏づける二つの研究が二〇一五年に発表された。ひとつはワイオミング大学の生物物理学者による研究で、カプサイシンの分子には哺乳動物の代謝活動を活性化させ、エネルギー消費を高め、比較的脂肪分が多い食事でも、体重増加を抑える効果がある事実が発見された[3]（ただし、実験動物はマウスだったと明記しておいたほうがいいだろう）。おそらくこの発見よりもさらに具体的なのがオーストラリアのアデレード大学による研究で、カプサイシンは満腹感を生み出す胃の内壁の受容体に結合する事実を明らかにしている[4]。誰しも、淡泊な料理より激辛料理のほうが早く満腹感を覚える体験をされているのではないだろうか。アデレード大学の発見は、カプサイシンの辛さの作用は、単に舌や口蓋に感じる灼熱感にとどまらない事実を示唆している。

二〇一二年には、香港中文大学の研究チームによって、カプサイシンは善玉コレステロールの生成を促し、悪玉コレステロールを分解するほか、血管を拡張させて血流の改善にひと役買っていることが発見された[5]。本書を書いている時点で最も有望な最新の発見は、ヴァーモント大学のロバート・ラーナー医学院のムスタファ・チョパンとベンジャミン・リッテンバーグの二人によってなされた。学際的な科学誌「プロス・ワン」に二〇一七年一月号に掲載された論文によると、アメリカの成人一万六〇〇〇人以上を対象に行われた二人の調査は、その二年前の二〇一五年に「ブリティッシュ・メディカル・ジャーナル」に掲載された、前述の中国医学科学院の発見を裏づけるものだった。心疾患、脳卒中、悪性腫瘍、糖尿病、呼吸器系疾患などの病因とそれ以外の病因で若死にするリスクは、トウガラシを定期的に消費するグループの場合、食べないグループに比べ、約一三パーセント低かったのである[6]。二〇一五年の調査では、被験者は中国人に限られていたが、このときの調査では、さまざまな民族文化を持つ人たちを被験者にしていたことから、研究を行った二人は、これによって先の発見を「一般化できる可能性が高められた」と指摘している。

過剰な摂取が「がん」を引き起こす？

こうした発見が続く一方で、重大な関心事であるにもかかわらず、トウガラシの過剰摂取に伴うマイナス面の研究の多くはますます漠然としたものになっている。二〇一一年四月の「キャンサー・リサーチ」誌に掲載された「カプサイシンの二面性」と題された論文では、カプサイシンをベースにした鎮痛用スキンクリームの発がん性リスクについて触れ、クリームの過度の使用は発がんリスクを高め、皮膚がんを発症させるかもしれないと記されていた(7)。

近年、一時的な術後疼痛をはじめ、変形性関節症、リウマチ性関節炎、神経痛などを伴う慢性的な不快症状など、広範囲に利用できる鎮痛剤として、カプサイシンのクリームやジェル、パッチが使われるようになった。こうした療法の医学的根拠は、カプサイシンを繰り返し塗布することによる脱感作に基づいており、クリームを塗り続けることで、最終的に痛みに対する過敏性を弱らせていく点にある。天然に存在する刺激性の植物性化合物のなかでも、ほかには見られないカプサイシンならではの作用だ。この論文の著者であるアン・ボードとチガン・ドンの二人は、クリームによる局所的なカプサイシンの過剰な投与は、むしろマイナスの効果をもたらすと示唆するとともに、食品としてトウガラシを普通に摂取することと、カプサイシンを皮膚に塗布することは「等質ではない」と要約している。言葉を換えるなら、カプサイシンを皮膚に塗り込むことによる発がん性のリスクは、トウガラシを食べることで生じるリスクと比べられるようなものではないということなのだ。

トウガラシを食べたときの焼けるような辛さは、口のなかだけではなく消化器官全体で生じている点を踏まえると、胃に疾患――喉や胃に炎症を起こしやすい――を抱える人や胃潰瘍を患う人たちは、トウガラシを使いすぎた料理は避けたほうがいいのに決まっている。しかし、辛い料理を食べるとなぜこうした症状が発症するかというそもそもの理由については、医学的にきちんと解明されているわけではない。

ほとんどの人にとって残念なのは、辛い物を食べたことで、胃が痙攣を起こし、腸は激しく収縮するという紛れもない事実だ。強い毒を体に取り込んだので、可及的すみやかに排出せよという信号を体そのものが送っているのだ。まさに辛味か痛みという抜き差しならない板挟みのひとつである。ただ、あるレベルの辛さのトウガラシでこうした症状が出たとしても、これより辛くないトウガラシでも同じ症状がかならず出るというわけではない。要は、どの程度の辛さなら大丈夫なのか、そのレベルを見極めることなのだ。となると、自分で料理を作らない人は、実際にその料理を食べ、どの程度で不快なゾーンに達するのか、食べてみるまでわからないということになる。

動物を使った臨床実験のなかには、あまりにも過剰に摂取されたカプサイシンは、胃がんや肝臓がんの前駆体になる可能性があると示唆する例も存在している。一九八五年、二人の韓国人がこの研究を始め、一九九一年に同様の説を唱えた。しかし、一九九八年に日本人の研究チームが行った実験では、相当量のカプサイシンと関連化合物を一八カ月にわたってマウスに投与したものの、いかなるタイプの発がん活動も発見されなかった(8)。一方で、カプサイシンはがん細胞の生育を阻む保護因子かもしれないという説もあるが、この説もはっきり裏づけられたというわけではない。

トウガラシによって胃の内壁が傷つくという疑問については、一九八七年に一連の内視鏡検査が行われ、その結果、胃の内壁は激しい炎症を起こし、出血さえしていた。翌年にふたたび同じ検査が行われ、初回の検査に立ち合った二人の研究者もスタッフとして立ち会っていたが、このときの検査ではわずかな傷さえ見つからなかった。しかも検査で使用されたトウガラシ――乾燥させたハラペーニョの粉末――は、前回のように食道を経由したものではなく、胃に直接導入されていた。たぶん、この問題について言えることは、それが食をめぐる人類の進化なのだという、身も蓋もない厳然たる事実なのだろう。人間はなんでも食べてきたのだ。トウガラシがもし、人に災いをもたらすものだったら、おそらく何千年にもわたって人類は食べ続けてこなかったはずである。現在のように、世界中に普及していくこともなければ、南北両半球に及ぶ広範な食文化になることもなかったはずである。

人体に対するトウガラシの影響について、私はこう考えている。つまり、本書をこうして読み続けている人なら、たぶん、トウガラシは体に悪いなどとこれっぽっちも考えるはずはない。実は、私もその点では同じなのである。

第2章◉さまざまなトウガラシ——アパッチ、ヴァイパー、ドラゴン

現在、世界の各地で栽培されているトウガラシの種類はおよそ五万種類にのぼる。その多くはごく限られた地域のごく限られた品種だが、一方で定番のスパイス料理のレパートリーとして、世界中の料理で幅広く使われている品種が存在している。ここで紹介する個々のトウガラシは、選ばれた逸品であると同時に、トウガラシ属の主だった五種それぞれのなかで最も卓越した品種として注目されているものばかりである。いずれも個々の種を代表する品種として位置づけ、またどのような使われ方をしているのかについてもいささか触れている。

トウガラシごとに記されたスコビル値（SHU）に幅があるのは、辛味強度を計るこの計測方法の性質を踏まえてのことだが、それぞれのトウガラシの辛さがどのくらいかは見当がつけられるだろう。昨今の超激辛トウガラシの測定では、徐々に使われなくなってきているとはいえ、液体クロマトグラフィーによる測定値をスコビル値に戻した数値がいまでも世界的に用いられている。もっとも、トウガラシの辛さを判定する最も優れた基準とは、その辛さを進んで味わおうとする、あなた自身の豪胆でやる気に満ちた味覚そのものだ。

◉カプシカム・アニューム種

アヒ・セレッサ（Aji Cereza）

「アヒ」は南アメリカとカリブ海産のトウガラシに使われている総称で、「セレッサ」はスペイン語で「サクランボ」を意味する。大きさも形も色もサクランボに似ているトウガラシで、ペルーの広大な熱帯雨林では自生している。大きさは一インチ（二・五センチ）ほどで、鮮紅色の丸い実をつける。スコビル値は七万〜八万SHU。

アヒ・ピンギータ・デ・モノ（Aji Pinguita de Mono）

このトウガラシ《アヒ》もペルーの熱帯雨林に自生しており、とくにペルー中部のチャンチャマイヨ渓谷周辺に密生している。実はずんぐりとして、熟すと深紅色を帯びてくる。一インチ（二・五センチ）を超える大きさのものはまれだ。「ピンギータ・デ・モノ」という厳めしいスペイン語名がつけられているが、意味は「小猿のオチンチン」である。このトウガラシの平均的なスコビル値はアヒ・セレッサと同じだが、セレッサよりも高い数値を示す果実も少なくはない。スコビル値は七万〜八万SHU。

アレッポ（Aleppo）／**ハラビー**（Halaby）

欧米のキッチンではアレッポ・ペッパーとして知られるスパイスで、ハラビー・ペッパーから派生した。シリアとトルコで栽培され、中東料理や東地中海の周辺の料理には欠かせない食材である。赤みを帯びた実を半乾燥させ、種を取り除いてから挽く。製品は、油分が多く、スモーキーな香りで、いかにも粉末赤トウガラシといった感じだ。平均的なスコビル値は一万SHU。

アマッゾ（Ammazzo）／**ジョーズ・ラウンド**（Joe's Round）

イタリアで栽培されているトウガラシで、「アマッゾ」を直訳すれば「ぶっ殺す」という意味。成長すると一二〜一五個の実を房状につける。直径はいずれも半インチ（一センチ強）ほどで、成熟するとともに、色は深緑色から鮮紅色に変わる。宝石のような外見から、家庭菜園で栽培されているだけでなく、鑑賞用としても育てられてきた。イタリア名は「花束」や「ブーケ」と誤訳されることが多いが、房状の実の姿が花束のように見えるからである。このトウガラシはジョーズ・ラウンドの名前でも知られている。スコビル値は五〇〇〇〜六〇〇〇SHU。

アナハイム（Anaheim）

アナハイムという名は、カリフォルニア州オレンジ郡の都市名に由来する。六〜八インチ（一五〜二〇センチ）の緑色の長くて曲がった実をつける。大きな実なので割いたり、詰め物を詰めたりして、グリルで焼いて調理する。そのままに熟させておくと実は赤く色づくが、一般には緑色の実のほうがおなじみだ。緑色の実のほうがとくに風味も穏やかである。肉厚で皮はツヤツヤしており、辛味は少なくて甘味さえ感じられる。スコビル値は一〇〇〇〜二五〇〇SHU。

アンチョ（Ancho）

アンチョはポブラノ・ペッパー（78ページ参照）を乾燥させたもの。乾燥したポブラノは深い茶褐色になり、形はハート形でシワが寄っている。挽いて粉にし、さまざまな料理の味付けに用いられる。平均的な大きさは縦横およそ四インチ（一〇センチ）、辛味を感じさせない穏やかな味わいで、香りはスモーキー。メキシコ料理では、ぬるま湯に三〇分ほど浸けて戻してからタマル（トウモロコシをすりつぶして作った生地をトウモロコシやバナナの葉に包んで蒸した料理）の詰め物や、モーレと呼ばれるメキシコ料理のソースの材料に使われる。スコビル値は一〇〇〇～二〇〇〇SHU。

アパッチF1（Apache F1）

アパッチは交配種によるトウガラシで、長さ約二～三インチ（五～七・六センチ）、幅は一インチ（二・五センチ）にも満たない鮮紅色のかわいい小さな実を房状につける。草丈が小ぶりなので、小さな庭に好んで植えられ、比較的寒冷な気候でも実をつける。こうした丈夫さから、見かけよりも辛味は強い（ちなみに「F1」とは、特別な形質をもとに選ばれた二種の植物を異花受粉させ、その結果誕生した第一世代目の子孫のことをいう）。スコビル値は八万～一〇万SHU。

バーチョ・ディ・サタナ（Bacio di Satana）

「悪魔のキス」という意味のイタリア産の品種。このトウガラシは、いわゆるサクランボの形をしたトウガラシのひとつで、大きさ一インチ（二・五センチ）ほどの、丸くて真っ赤な色をした実をつける。外皮は厚く、果肉をしっかり封じ込めている。好みに合わせ、モッツァレラチーズと刻んだアンチョビを実に詰めてから焼いてもいい。スコビル値は四万～五万SHU。

ニューメックス・ビッグジム（NuMex Big Jim）

ニューメキシコ州立大学のトウガラシ研究所が一九七五年に開発した世界最大のトウガラシで、成長すると実の大きさは最大一フィート（約三〇センチ）にも達する。果肉は肉厚でみっちりしており、実も大ぶりなので詰め物やあぶり焼きには最適だ。ほどほどの辛味がありながら、ピーマンやパプリカよりも風味に富んでいる。スコビル値は五〇〇〜一〇〇〇ＳＨＵ。

バードアイ（Birdeye）／**ピリピリ**（Piri Piri）⇒口絵⑪

横から見た形が鳥の目に似ていることから、このように呼ばれるようになったといわれる。世界的に知られるようになったトウガラシのひとつで、タイ料理にはなくてはならない品種で、「タイチリ」という名前で売られていることも多い。アフリカで広く栽培され、とくにエチオピアでは「ピリピリ」の名前で知られる。肉は薄く、先がとがった小さな実をつける。実は青いうちでも、赤く完熟したいずれの状態でも使うことができる。かなり辛いトウガラシだが、甘くてフルーティーな香りがする。スコビル値は五万〜一〇万ＳＨＵ。

ボルドグ（Boldog）

ハンガリー産のパプリカの一種で、細長い実は最大で五インチ（一三センチ）まで成長する。果皮が薄いので乾燥に手間がかからない。実は熟すると深紅色になり、このトウガラシらしい、豊かで甘い香りを料理に添える。スコビル値は八〇〇〜一〇〇〇ＳＨＵ。

ブルガリアン・キャロット（Bulgarian Carrot）
誤解を招きやすいが、直感的にイメージが浮かぶ名前だ。ハンガリーで生産されているトウガラシで、「キャロット」とあるように色は黄みがかったオレンジ色、形状は小さな人参にそっくりで、およそ三～四インチ（七・六～一〇センチ）にまで成長する。ポリポリとした食感はピクルスに打ってつけで、スパイシーなチャツネにもよく合う。香辛料としての辛さはばらつきが大きく、最高三万ＳＨＵを記録したこともあるが、平均的なスコビル値は五〇〇〇～一万ＳＨＵ。

カポネス（Capónes）
カポネスは燻して乾燥させたハラペーニョで、ハラペーニョの種は加工する前に慎重に取り除かれている（カポネスとは「去勢された男《ケイポン》」のことで、文字通り「種なし」という意味を表している）。スコビル値は二〇〇〇～一万ＳＨＵ。

カサベリア（Casabella）
小ぶりなトウガラシで、黄色の実は熟すと燃えさかる火のように真っ赤に色づく。実の大きさは一～一・五インチ（二・五～四センチ）ぐらい。刻んだ実は、チリペーストやサルサなど幅広く使われている。スコビル値は二〇〇〇～四〇〇〇ＳＨＵ。

カスカベル（Cascabel）
「ボラ」（「ボール」もしくは「ガラガラ」のこと）と呼ばれるメキシコのトウガラシを乾燥させたも

ので、実のなかの種がマラカスのように音を立てることからこの名前がついた。実の直径は一～二インチ（二・五～五センチ）で濃い茶褐色をしていており、乾燥した実の形はスモモに似ている。スープやサルサ、煮物やソースなど、メキシコ料理で頻繁に使われている。スコビル値は三〇〇〇～四〇〇〇SHU。

カイエン（Cayenne） ⇒口絵⑦

カイエンという名前は、カイエンヌというフランス領ギアナの首都と川に由来しているようだが、原産地はおそらくブラジルだ。ポルトガルの冒険家や貿易商人によって、世界各地へと伝えられ、世界で最もよく知られるトウガラシのひとつになった。見た目はこれぞトウガラシという姿をしており、先がとがった長細い形で、果皮は薄くて波打っている。何十種類もの栽培種があり、その多くはインドから中国にかけて生産されている。ヨーロッパでは、カイエン・ペッパーといえば、乾燥させて挽いたものを指す場合が多く、チリパウダーが考案される以前の十九世紀には、カイエン・ペッパーで燻るような軽い辛さを料理に添えていた。市販されている粉末状のカイエン・ペッパーに比べ、丸のままの実ははるかに辛い。スコビル値は三万～五万SHU。

チャールストン・ホット（Charleston Hot）

カイエンの一種で、病害虫のネコブセンチュウに耐性を持つ品種開発を進めていた合衆国農務省によって、一九七四年にサウスカロライナ州で開発された。ネコブセンチュウは植物の根に寄生する線虫で、この虫による損害規模は全世界のトウガラシ生産量の五パーセントに及んでいる。典型的なチヤールストン・ホットは、長さが約四インチ（一〇センチ）で、しっかり乾燥させてから刻んだ実を振りかけると、料理に激しい辛さを加えられる。スコビル値は七万～一〇万SHU。

青陽《チョンヤン》（Cheongyang）

青陽という名前は、韓国の慶尚北道にある青松郡と英陽郡という二つの郡から一文字ずつ取ってつけられた。韓国ではキムチなどの漬け物の香辛料に使われている。果皮の薄い、細長いトウガラシで、熟すにしたがって青から赤へと色づく。辛さは中ぐらいだ。スコビル値は八〇〇〇～一万SHU。

チェリー・ボムF1（Cherry Bomb F1）

花火と同じ名前のトウガラシだけに、口のなかで炸裂しそうな印象があるが、丸くて、熟すと赤く色づく実はどちらかといえば口当たりがマイルドな品種だ。直径二～三インチ（五～七・六センチ）ぐらいまで成長するので、平均的なサクランボよりかなり大きい。詰め物や酢漬けに向いている。スコビル値は二五〇〇～五〇〇〇SHU。

チルワクレ・アマリージョ（Chilhuacle Amarillo）

メキシコのチルワクレというトウガラシのアマリージョ（黄色）種。珍しい品種だが、メキシコ料理のモーレ作りに使われている三種類のチルワクレのひとつ。メキシコ料理のソースに甘酸っぱい柑橘系の香りとともに、濃いオレンジ色を添えてくれる。メキシコのオアハカ州が原産地で、実は長さ四～五インチ（一〇～一三センチ）にまで成長する。シワが寄っている果皮は剝かなくてはならない。

スコビル値は一二〇〇～二〇〇〇SHU。

チルワクレ・ネーグロ（Chilhuacle Negro）

褐色のチルワクレで、見た目はナス色をした小ぶりなベル形の甘いトウガラシ。実の長さと幅はそれぞれ三インチ（七・六センチ）ぐらいで、オアハカ州やチアパス州の黒いモーレに使われるほか、乾燥させて挽いた粉がほかの料理にも使われている。スコビル値は一二〇〇～二〇〇〇SHU。

チルワクレ・ロホ（Chilhuacle Rojo）

このトウガラシもオアハカ州が原産地で、形は先細りで赤い色をしている。実の付け根部分の幅は約二インチ（五センチ）、長さは三インチ（七・六センチ）ぐらいの大きさ。チルワクレ・アマリージョ、チルワクレ・ネーグロとともに、モーレ料理の御三家の材料のひとつとされている。スコビル値は一二〇〇～二〇〇〇SHU。

チルテピン（Chiltepin）

すべてのトウガラシの祖先だと言われることもある品種。小さい実をつけ、その野生種は現在でもメキシコからアメリカの南部や南西部――主にアリゾナ州、テキサス州、フロリダ州――にかけて自生しているものの、過剰に摘み取られた結果、生息地では現在、絶滅の危機に瀕している。ナワトル語のテピン（tepin）、「蚤」に由来する名前が示すように実は小さい。実は鮮紅色のものが多いが、黄色や薄茶色の実をつけた野生種も発見されている。口を激しく痛める猛烈な辛さだが、いつまでも

① ドラゴンズ・ブレス（Dragon's Breath）

② キャロライナ・リーパー（Carolina Reaper）

③ ブート・ジョロキア（Bhut Jolokia）

① Dragon's Breath ＝ Mirrorpix/ アフロ　② Carolina Reaper ＝ Manex Catalapiedra/Moment/Getty Images
③ Bhut Jolokia ＝アマナイメージズ / 共同通信イメージズ

④ トリニダード・スコーピオン・ブッチ T（Trinidad Scorpion Butch T）

⑤ トリニダード・モルガ・スコーピオン（Trinidad Moruga Scorpion）

⑥ ハバネロ（Habanero＝橙）／ブラジリアン・スターフィッシュ（Brazilian Starfish＝赤）

④ Trinidad Scorpion Butch T ＝ Kouya (CC BY-SA 4.0)　⑤ Trinidad Moruga Scorpion ＝アマナイメージズ / 共同通信イメージズ　⑥ Habanero, Brazilian Starfish ＝ Barbara Rich/Moment/Getty Images

⑦ カイエン（Cayenne）

⑧ ハラペーニョ（Jalapeño）

⑨ アヒ・アマリージョ（Aji Amarillo）Luis Tamayo

⑩ スコッチ・ボネット（Scotch Bonnet）

⑪ バードアイ（Birdeye）

⑫ ピーター・ペッパー（Peter Pepper）

残らずにすみやかに鎮まる。乾燥させて砕いた実は、煮込み料理やスープに使われている。鳥に食べられることで自然分散するので、「バード・ペッパー」という名前でも知られている（先述したバードアイとまちがわないように）。スコビル値は五万〜一〇万ＳＨＵ。

チマヨ（Chimayo）

ニューメキシコ産のトウガラシで、チマヨという名前はサンタフェの二五マイル（四〇キロ）北方にある同名の町の名前に由来している。実は大きくて赤い。長さ七インチ（一八センチ）まで成長し、わずかに曲がっているものが多い。乾燥させて粉末《モリド》にした状態で売られているのが普通。スコビル値は四〇〇〇〜六〇〇〇ＳＨＵ。

チポトレ（chipotle）

厳密に言うなら、チポトレとはトウガラシの品種ではなく、生のトウガラシを乾燥・燻煙するという、トウガラシの加工法のことである。熟れすぎて余ったハラペーニョや、茎についたまま少し枯れかかったハラペーニョから主に作られている。炉に置いたラックの上にハラペーニョを並べ、ごくわずかに空気を送りながら煙で燻して乾燥させる。できあがったチポトレは小さなスモモに似ており、スモーキーでつんとくる香りをチリコンカンのような料理に添えてくれるが、辛さはいたって穏やかである。スコビル値は使っている品種で異なり、二〇〇〇〜八〇〇〇ＳＨＵに及ぶ。

チョリセロ（Choricero）
スペイン産のトウガラシで、この国のポークソーセージ「チョリソー」の材料として幅広く使われている。実を束ねて吊《リストラ》して乾燥させる。みずみずしい大きな赤い実は乾燥して水気を失うと、紫色を帯びた茶褐色に変わっていく。水に戻したものをすりつぶし、ペースト状にしてから使う。スープやパエリアなどの料理にも用いられている、穏やかな辛さのトウガラシだ。スコビル値は二〇〇〜一〇〇〇SHU。

コステーニョ・アマリージョ（Costeño Amarillo）
メキシコ南東部のオアハカ州やベラクルス州で見つかった品種で、青い実は熟すと鮮やかな琥珀色に変わる。実はほっそりとしており、長さはおよそ三インチ（七・六センチ）ほどで、果皮は薄く、先端がとがっている。熟すとレモンのような柑橘系の香りを帯びてくる。スコビル値は一二〇〇〜二〇〇〇SHU。

ツィクロン（Cyklon）
ツィクロンは数少ないポーランド産のトウガラシのひとつで、涙滴形をした緋色の実をつける。実のほとんどは先端に向かって曲がっている。よく乾燥させるとヒリヒリする辛さが高まるので、具材の多いサルサに向いている。スコビル値は五〇〇〇〜一万SHU。

ダガー・ポッド (Dagger Pod)

ダガー・ポッド(短剣の鞘)と呼ばれるのは、実の形がグルカ兵の使うククリ刀〔グルカナイフとも。刀身が「く」の字形をした内反りの刃物〕の鞘に似ていると考えられたからである。薄い果皮のトウガラシで、大きさは長さ四~五インチ(一〇~一三センチ)、幅は一インチ(二・五センチ)ぐらい。皮にはシワが寄っており、熟すと深紅色に色づく。乾燥させてチリパウダーに加工されることが多い。スコビル値は三万~五万SHU。

デ・アルボル (De Arbol)

チレ・デ・アルボル——木のトウガラシ——はメキシコ原産のトウガラシで、木ではなく多年草に実をつけるが、その姿は小ぶりな木によく似ている。長くて細い実が独特の形をしていることから、「鳥のくちばし」「ネズミの尻尾」とも呼ばれてきた。実の大きさ四インチ(一〇センチ)で、色は血のような暗赤色をしており、油漬けや酢漬けには最適のトウガラシである。乾燥させても実の色は変わらず、装飾目的で使われることも多い。メキシコ料理では何世紀ものあいだ、欠かせない食材として使われてきた。スコビル値は一万五〇〇〇~三万SHU。

デギ・ミルチ (Deggi Mirch)

インドの食料品店では、「デギ・ミルチ」という言葉は、パプリカ風のマイルドなチリパウダーを指す場合がほとんどだ。香味料として、まろやかな料理をはじめ、ダール〔挽きわりにした豆料理やカレー〕やパラーター〔薄くのばしたチャパティの生地にギーを塗って折り畳み、層状にしたもの〕などのパンに使われている。正真正銘のデギ・ミルチは、乾燥させた同名のトウガラシを粉に挽いて作られている。デギ・ミルチの実は大きさ二インチ（五センチ）で赤く色づく。カシミール州の北部で栽培されている。ただし、チリパウダーのほうは、他品種のトウガラシを挽いて作られている場合が少なくない。スコビル値は一五〇〇〜二〇〇〇SHU。

エスプレット（Espelette）

フランス南西部のバスク地方で生産されている。果皮が薄く、赤い実をつける穏やかな辛さのトウガラシで、二〇〇〇年以降、ヨーロッパが推進する原産地名称保護制度の一環として、フランスの原産地統制呼称（AOC）の農産物に指定されてきた。南仏料理やピペラード（トマト、ピーマン、玉ネギを炒め、エスプレットを加えて煮たもの）などのバスク地方の伝統料理をはじめ幅広く利用されており、例年、収穫期に催されるトウガラシ祭りの呼び物の品種でもある。スコビル値は三〇〇〇〜四〇〇〇SHU。

朝天椒《チャオティアンジャオ》（Facing Heaven）

垂れ下がるのではなく、実を上向きにしてつけるのはこのトウガラシだけではないが、植物学上の特徴を表現するため、中国ならではの詩的な名前が授けられた。香辛料を愛してやまない四川省が生産地で、現地では四川辣椒《スーツアンラアジャオ》とも呼ばれる。椎の実形の小さな実をつける。果皮は薄く、大きさは三インチ（七・六センチ）。小ぶりな実はそのまま炒め物に使われる。スコビル値は三万〜五万SHU。

フィリウス・ブルー (Filius Blue)

この風変わりなトウガラシは、紫色を帯びた葉によくマッチした光沢のある青紫色の実をつける。成熟期を通じ、実はこの色を保ち続け、最後にトウガラシらしい赤い色に変わる。卵形をした小さな実だが、激しい辛さを料理に添える。スコビル値は四万～五万ＳＨＵ。

ファイアークラッカー (Firecracker)

インド産の交配種のトウガラシで、実は熟すにつれ、まるでカラー映画のような見事な色の変化を繰り返す。クリーム色の実はスミレ色から黄色、オレンジ色に変わっていき、最後には真っ赤に燃える実となる。このトウガラシが植えられた茂みは、実の色が変わるたびに光景を変えていき、まるで天然のクリスマスツリーのようだ。実は円錐形をしており、大きさは約一・五インチ（三・八センチ）、小粒な実は丸のまま煮込み料理や炒め物に投じられる。小さなトウガラシだが辛さは尋常ではなく、それが名前の由来にもなっている。スコビル値は三万～四万ＳＨＵ。

フィッシュ (Fish)

フィッシュという名前は実の形が魚に似ているのではなく、魚料理に使われることからこう呼ばれるようになった。十九世紀、奴隷貿易も終わりを迎えるころ、とらえられたアフリカの原住民がアメリカに持ち込んだトウガラシのひとつである。スペインのトウガラシ、パドロンと同じように、辛さのレベルが非常に幅広く、隣の茂みに生えている実ですら辛さの度合いが異なるが、そのなかでもとりわけ辛い実は古くから魚料理や貝料理の香辛料として使われてきた。実の大きさは三インチ（七・

六センチ）前後で、穏やかな辛さを味わうため、青いまま食べられることが多い。青い実には乳白色の線が走っている。辛さの度合いが際立って幅広いため、スコビル値も五〇〇〇〜三万SHUと範囲が広い。

フレズノ（Fresno）

カリフォルニア州に同名の都市が存在するが、トウガラシのフレズノはニューメキシコ州の品種で、ハラペーニョと混同されることが多い。辛さにかけては、ハラペーニョをはるかに上回っているので、フレズノにとってはやはり残念な誤解だ。円錐状の赤い実は大きさ二〜三インチ（五〜七・六センチ）程度で、風味は穏やかでフルーティーな味わい。スコビル値は三〇〇〇〜八〇〇〇SHU。

ガーデン・サルサF1（Garden Salsa F1）

サルサソース用に特別に開発された交配種。熟した実は赤く色づくが、青いうちに食べられるのが普通。皮が厚いので、火であぶって剝いてから使わなければならない。実の大きさは七〜八インチ（一八〜二〇センチ）ぐらいで、先端が湾曲している。スコビル値は二〇〇〇〜五〇〇〇SHU。

ジョージア・フレーム（Georgia Flame）

細長くて、ツヤツヤした果皮のトウガラシ。名前にジョージアとあるが、桃の栽培で有名なアメリカのジョージア州《ピーチステイト》ではなく、黒海沿岸の国ジョージア（グルジア）が原産地だ。パリパリとした食感を持つ厚い果皮の品種で、実は六インチ〔一五センチ〕ぐらいまで成長する。詰め物料理やあぶり焼きに向いている。スコビル値は一五〇〇～二〇〇〇ＳＨＵ。

ゴート・ホーン（Goat Horn）

細長い形をした果皮の薄い赤いトウガラシで、名前の由来通り、山羊の角のようにねじれたり、曲がったりしている。もともと台湾で開発された品種で、中華料理の炒め物料理にさかんに使われている。大きさは五～六インチ〔一三～一五センチ〕ぐらいが普通で、ジューシーで辛味は比較的穏やかな品種だ。スコビル値は一〇〇〇～二〇〇〇ＳＨＵ。

ギンディージャ（Guindilla）

スペイン側のバスク地方を原産地とする、細長くて果皮の薄いトウガラシ。大きさは四インチ〔一〇センチ〕ぐらいで、個性的なフレーバーがあり、この香りを堪能するだけでもひとかじりしてみるだけのことはある。青いうちに食べられることが多く、白ワイン酢に漬けたギンディージャは、タパス〔スペインの小皿料理〕やスペインを代表するハードチーズ、マンチェゴの付け合わせに用いられる。穏やかな辛さで、焼けつくような辛さのトウガラシではない。スコビル値は一〇〇〇～二〇〇〇ＳＨＵ。

ハンガリアン・イエロー・ワックス［・ホット］（Hungarian Yellow Wax）

見た目のせいで、ハンガリアン・イエロー・ワックスはバナナ・ペッパーと混同されがちだ。ハンガリアン・イエロー・ワックスがバナナに似ているのは形ではなく（実は常に曲がっているわけではない）、通常、まだ黄色いうちに収穫してしまうからだ。実は長さ六インチ（一五センチ）、幅一・五インチ（三・八センチ）にまで成長する。サルサやピクルスに使われるほか、歯ごたえのある果肉なので、薄切りにしてサラダとして食べてもおいしい。スコビル値は二〇〇〇〜四〇〇〇SHU。このトウガラシの亜種が「ハンガリアン・イエロー・ワックス・ホット」で、特徴はいずれも同じだが、ホットのほうははるかに辛い。スコビル値は五〇〇〇〜一万五〇〇〇SHU。

インフェルノF1 (Inferno F1)

ハンガリアン・ワックスを交配して開発されたトウガラシで、その特徴は「インフェルノ」というまがまがしい名前とは正反対だ。熟すと、ツヤツヤした果皮の大きな実が地獄の業火のように真っ赤に色づくことからこの名前がつけられた。悪魔の手下でもこれなら難なく食べられそうな中程度の辛さだ。スコビル値は二〇〇〇〜四〇〇〇SHU。

ハラペーニョ (Jalapeño) ⇒口絵⑧

おそらく世界でいちばん有名なトウガラシで、現在、大きさや辛さが異なるさまざまな品種が開発されている。かつては猛烈な辛さのトウガラシとして名を馳せたが、昨今の激辛界の評価では、単なる入門者向けのトウガラシにすぎない。標準的なハラペーニョは、二〜四インチ（五〜一〇センチ）の大きさで、青いまま売られているが、実はそのまま熟させると赤く色づく。典型的なハラペーニョには、ツヤツヤした果皮に沿って細い線模様がとぎれとぎれについている。ピザのトッピングからナチョス、タコス、チリコンカン、あるいはポッパー（なかにチーズを詰め、パン粉をつけてから揚げた料理）と、ハラペーニョはいろいろな料理に使われている。赤い実を乾燥させ、燻したものはチポトレ（65ページ参照）として知られる。スコビル値の範囲は広いが、多くは低い数値に集中している。スコビル値は二〇〇〇～一万SHU。

ジャロロ（Jaloro）
ジャロロは黄色のハラペーニョである。耐病性を持つハラペーニョの代替品種として、一九九二年にテキサスで開発された。辛さはハラペーニョとほぼ同じぐらい。スコビル値は三〇〇〇～八〇〇〇SHU。

ジョーズ・ロング（Joe's Long）
「ロング」の名に恥じない品種で、一二インチ（三〇センチ）ぐらいまで成長するのが普通だ。果皮が非常に薄く、乾燥に適している。カイエンの近種のトウガラシで、辛い品種であるが、口を焼くような辛さはまったくない。スコビル値は一万五〇〇〇～二万SHU。

ジュワラ（Jwala）
インディアン・フィンガー・ペッパーの名前でもよく知られている品種で、サンスクリット語の名称「ジュワラ」は、「燃えさかる炎」という意味。青い実は熟すと赤くなり、酢漬けにしたり、乾燥させたり、あるいはそのままさまざまな形で使われている。実は肉薄で先端がとがっており、大きさは四インチ（一〇センチ）前後。スコビル値は二万〜三万SHU。

ミラソル（Mirasol）

中国の朝天椒（68ページ参照）のように、ミラソルの長くて赤い実も天を見上げている。スペイン語の「ミラソル」は、「太陽を見つめる」という意味だ。実は六インチ（一五センチ）まで成長する。皮が厚いので、料理に先立って水に浸けたり、あぶったりしておかなければならない。乾燥させた実は「ワヒーヨ」の名前で知られ、メキシコの伝統料理モーレソースにたっぷりと使われている。ペルーでも人気のトウガラシだ。スコビル値は二五〇〇〜五〇〇〇SHU。

ムラート（Mulato）

アンチョ（58ページ参照）と同じように、ムラートもポブラノを乾燥させたものだが、摘み取らずに熟すままにしておくので、色合いははるかに深くなり、辛みもかなり強まっている。アンチョやパシージャとともに、モーレソースの食材として、またエンチラーダの付け合わせに利用されている。スコビル値は二五〇〇〜三〇〇〇SHU。

ニューメキシコNo.9（New Mexico No.9）

ニューメキシコ州立大学が一九一三年に開発した品種で、同大学が生み出したトウガラシの第一号に当たる。当時、アメリカ人は辛味の利いたトウガラシ料理に慣れておらず、また缶詰にも加工できるように、穏やかな辛さの品種として開発された。実は長大で赤く、前述したアナハイム（58ページ参照）に似たトウガラシで、二十世紀中頃になると、アメリカではトウガラシといえば№9と言われるまで普及した。スコビル値は一〇〇〇～三〇〇〇SHU。

ニューメキシコ・サンディア（New Mexico Sandia）

ニューメキシコ№9を売上第一位の座から追いやった品種のひとつがサンディアで、№9とアナハイムの亜種を掛け合わせ、ニューメキシコ州立大学が一九五六年に開発した。サヤ豆にいささか似た幅のある長くて平らな実をつけ、完熟前の青いうちに出荷されるのが普通だ。スコビル値は五〇〇〇～七〇〇〇SHU。

ニューメックス・トワイライト（NuMex Twilight）

ニューメキシコ州立大学のトウガラシ研究所が、一九九四年に開発したニューメキシコ種の交配種。ファイアークラッカー（69ページ参照）のように、トワイライトも実の色が変化するたびに、茂み全体がさまざまな色に変わっていく。実は白色から紫色、黄色、オレンジ色、赤色の順で変化する。タイのトウガラシに由来しているので、トワイライトも辛いトウガラシのひとつだ。スコビル値は三万～五万SHU。

オロスコ（Orozco）

東ヨーロッパ産のオロスコは、料理の飾り付けに用いるトウガラシとしては最適で、葉は紫色、茎は暗紫色、実は四インチ（一〇センチ）ほどの大きさで人参に似た形をしている、熟すると紫色から鮮明なオレンジ色に変わる。スコビル値は五〇〇〇～二万SHU。

パサード（Pasado）

スペイン語で「過去」を意味するパサード。その名前が示すように非常に古くから栽培されてきたトウガラシで、現在のニューメキシコ州に住んでいた先住民のプエブロ族のあいだで何世紀にもわたって知られてきた。青い実がついたら、実をあぶってから割いて、種を取り除いて乾燥させる。お湯で戻した果肉は、わずかに青い色を取り戻す。昔から黒豆のスープとエンチラーダのソースの材料として使われてきた。種がある程度ついたままのものが売られているが、見かけに反して味はなかなかいい。スコビル値は二〇〇〇～三〇〇〇SHU。

パシージャ（Pasilla）

前出のアンチョやムラートとともに、メキシコ料理のモーレには欠かせないトウガラシのひとつで、チラカというトウガラシを乾燥させたもの。乾燥してシワが寄った実は、暗い褐色をしており、大きいものでは八インチ（二〇センチ）にもなる。スモーキーでマスキーな風味によって、料理に力強い香りを添えてくれる。粉末に挽いて売られているものも多い。オアハカ州の名前を冠したパシージャ・デ・オアハカはこの地方ならではの燻製させたパシージャで、モーレ・ネグロ（黒いモーレ）に使われている。スコビル値は一〇〇〇～四〇〇〇SHU。

ペペロンチーノ（Peperoncino）

パスタソースやピザに使われる南イタリアの品種で、非常に穏やかなうえに甘味も感じられ、辛さはパプリカとほとんど変わらない。店頭には熟する前に並べられ、ピクルスや油漬けにして保存される。ギリシャ産の品種もあり、イタリア産ほど苦味はない。スコビル値は一〇〇～五〇〇ＳＨＵ。

ピキン（Pequin）

チルテピン（64ページを参照）に似たトウガラシで、現在でもメキシコの高地に自生している。実は小さいが、大きさに劣る点は辛さで補っている。煮込み料理には丸のまま入れて使うほか、ピクルスにされたり、油漬け、酢漬けにされたりすることが多い。メキシコで大人気のホットソースのひとつ「チョルーラ」には、前出のデ・アルボルとピキンを原料にしている。スコビル値は三万～六万ＳＨＵ。

ピーター・ペッパー（Peter Pepper）⇒口絵⑫

料理の飾り付けに主に用いられ、四～六インチ（一〇～一五センチ）ぐらいにまで成長する。「ピーター・ペッパー」の名前は「萎えたペニス」という意味で、その形がまさに瓜二つの理由からこう呼ばれるようになった〔脚注：「ピーター」には俗語で「ペニス」の意味がある〕。お堅いヴィクトリア朝時代の先人らが、このトウガラシを見てどう思ったか想像してみるといいだろう。テキサスやルイジアナなどの、保守的な土地でも食べられることがある。見た目にふさわしく（?）、かなり辛い品種のトウガラシである。スコビル値は一万～二万五〇〇〇ＳＨＵ。

ピミエント（Pimiento）

大ぶりでハートの形をしたサクランボ形の品種で、目にも鮮やかな赤い色と甘い風味で珍重されている。ベル形のトウガラシを示すスペイン語の「ピメント」という総称と混同されがちだが、こちらのピメントはもっと小さなベル形の実をつけるまったく別のトウガラシだ。平均的な実の大きさは、長さ四インチ（一〇センチ）、幅は三インチ（七・六センチ）。非常に穏やかな辛味で、イタリア産のペペロンチーノに似ている。スコビル値は一〇〇〜五〇〇ＳＨＵ。

ピミエント・デ・パドロン（Pimiento de Padrón）

タパスの食材として世界中で大人気のトウガラシ。「パドロン」という名前は、スペイン北西部のガルシア地方にある自治体名に由来する。オリーブオイルで両面をさっと焼いたものに塩を振り、温かいうちに茎をかじりとって食べるのが一般的だ。このトウガラシの魅力は、どの実が辛いのか食べてみるまでわからない点にある。見た目は辛そうだが、実際に辛いのはひと房で一個か、それよりもさらに少ない——一〇個のなかのうち一個——場合もある。辛さの差は、葉や茎にかける水の量の違いによって生じる。スコビル値は五〇〇〜二五〇〇ＳＨＵで、辛い実に当たるかどうかは運しだい。

ポブラノ（Poblano）

ポブラノは、先述したアンチョとムラートの乾燥前のフレッシュな状態のトウガラシで、原産地は名前の由来となったメキシコのプエブラ州である。重量感のある果実で、標準的な大きさは長さが五インチ（一三センチ）、幅三インチ（七・六センチ）ぐらい。市場には、あまり熟していない――辛味も少ない――青いうちに出回ることが多い。実の大きさ、風味も穏やかなので詰め物料理に向き、メキシコの国民食チレス・エン・ノガダには欠かせない食材である。ちなみに、この料理であしらわれている赤、白、緑の三色は、メキシコの国旗に合わせた配色である。スコビル値は一〇〇〇～二〇〇〇SHU。

プレーリー・ファイアー（Prairie Fire）

円錐状の実をつけるメキシコ産のトウガラシで、「クリスマス・ペッパー」の名でも知られる。小さな実は昔のクリスマスツリーの電球に似ており、実が熟すにしたがい、トウガラシ全体が緑色から黄色、オレンジ色、赤色へと彩りを変えるので、ますますクリスマスツリーらしくなる。際立った風味を持つ、非常に辛いトウガラシだ。スコビル値は七万～八万SHU。

ライオット（Riot）

このトウガラシも上向きに実をつける品種で、実はオレンジ色から赤へと変わり、ライオット（暴動）という名前が示すように、松明を掲げて押し寄せる暴徒の群れの姿に似ている。通常は三インチ（七・六センチ）前後の大きさまで成長する。オレゴン州立大学で開発された。スコビル値は六〇〇〇～八〇〇〇SHU。

サンタフェ・グランデ（Santa Fe Grande）

非常にたくさんの実をつける品種で、ニューメキシコ州をはじめアメリカ南西部全域で栽培されている。先端が丸みを帯びた円錐状の実をつける。実には甘いフレーバーがあり、辛味もきわめて穏やかである。スコビル値は五〇〇～一〇〇〇SHU。

三鷹《さんたか》（Santaka）

三鷹は日本産の品種で、この国では炒め物料理や七味唐辛子の原料として広く使われている。実は太めで先細りした円錐形をしており、大きさは二インチ（五センチ）程度、果皮は繊細で、熟すにつれてクランベリーのような深い紅色を帯びてくる。はっきりとした辛さを持つトウガラシである。スコビル値は四万～五万SHU。

セベス（Sebes）

チェコ共和国が原産の品種で、前出のハンガリアン・イエロー・ワックスのように、このトウガラシにも光沢があり、バナナに似た形をしている。大きさは幅一インチ（二・五センチ）で長さ五インチ（一三センチ）で扁平な形をしたトウガラシで、熟すと黄色がかった明るいオレンジ色に変わる。スコビル値は二〇〇〇～四〇〇〇SHU。

セラーノ（Serrano）

メキシコのプエブラ州やイダルゴ州など山岳地帯が原産地のトウガラシで、果皮が薄いため、万能の食材として利用でき、メキシコ料理ではさかんに使われている。ハラペーニョと比べられることが多いが、セラーノのほうが辛く、青い実のうちに食べられることが多い。熟すと紫色になる品種もある。スコビル値は一万～二万五〇〇〇SHU。

獅子唐《ししとう》（Shishito）

獅子唐は日本の栽培種で、シワが多く寄った四インチ（一〇センチ）ほどの大きさのトウガラシである。先がとがった細長い形をしており、通常、青い状態で売られている。実の先端がライオン（獅子）に似ていることからこの名前がつけられた。油で揚げたり、醬油とダシで煮たりして食べられている。前述したピミエント・デ・パドロン（78ページ参照）のように、獅子唐も辛味が不規則なトウガラシで、およそ一〇個に一個の割合で辛いものが交ざっているが、もっとも、辛いといってもかなり穏やかな味わいである。スコビル値は一〇〇～一〇〇〇SHU。

スーパーチリF１（Super Chili F1）

スーパーチリF１は、一九八〇年代にタイのトウガラシから開発された品種で、三インチ（七・六センチ）ほどの実を次から次にたくさんつける。熟すにしたがって実の色は、青からオレンジ色、赤色の順で変化し、色合いはますます深まっていく。辛さナンバーワンを目指してつけられた名前だが、現在の激辛トウガラシのレベルからは大きく後れを取っている。スコビル値は二万～五万SHU。

センテシ・セミホット（Szentesi Semihot）

球根性の品種で、実は長さ四〜五インチ（一〇〜一三センチ）、幅二インチ（五センチ）ぐらいまで成長する。ハンガリーで誕生した。果皮が厚くて乾燥に手間がかかるので、香辛料のパプリカの主原料としては使いにくいが、詰め物や焼いて食べる料理には向いている。スコビル値は一五〇〇〜二五〇〇〇ＳＨＵ（「ホット」な品種がすでに開発されているので、「セミホット」に物足りなさを感じる方はそちらをどうぞ）。

鷹の爪（Takanotsume）

日本産のトウガラシで、文字通り猛禽類のかぎ爪に似た形からこの名前で知られる。鷹の爪も上向きに実をつける品種で、三インチ（七・六センチ）の真っ赤な爪に成長する。乾燥させたものを炒め物などに使う。スコビル値は二万〜三万ＳＨＵ。

ティアーズ・オブ・ファイア（Tears of Fire）

ハラペーニョの近縁種のトウガラシで、涙滴形をした肉厚の実をつける。非常に辛い品種で、名前からもその激しさがうかがえるだろう。青い実は褐色の段階を経て、最後にはまがまがしいほどのサクランボ色に変わる。このころになると、涙がとまらなくなるほど辛いトウガラシになっている。スコビル値は三万〜四万ＳＨＵ。

タイ・ドラゴンＦ１（Thai Dragon F1）

タイの台所の常備菜のひとつとされるトウガラシで、果皮は薄く、大きさ三インチ（七・六センチ）ほどの鮮紅色の実をつける。このトウガラシも上向きに実をつける品種だ。実の形は細長く、先端は丸みを帯びている。「タイ・ボルケーノ」（タイ火山）の名でも知られ、スープや炒め物、レッドカレー、サラダなどに身もだえするような激しい辛さを添えてくれる。スコビル値は五万〜一〇万ＳＨＵ。

トーキョー・ホットＦ１（Tokyo Hot F1）

「東京」という名前を冠しているがメキシコで開発された交配種で、成長すると先端がカーブした非常に細い、赤い実になる。カイエン・ペッパーの系統を引いており、香辛料としてタイ料理、メキシコ料理だけではなく、日本料理にも使える万能のトウガラシである。スコビル値は二万〜三万ＳＨＵ。

◉カプシカム・フルテッセンス種

アフリカン・バードアイ（African Birdeye）

前述したタイ産のバードアイと混同しないように（といっても混乱してしまうが）。タイ産のバードアイはカプシカム・アニューム種に属している。こちらのアフリカン・バードアイは、第１章で触れたタバスコの近縁種である。成長すると、ずんぐりとした赤い実を上向きにつける。その辛さは並はずれている。十六世紀にトウガラシの種子がアフリカに持ち込まれると、以降、野生種として繁殖していった。煮込み料理、スープ、ホットソースに使われ続けている。このトウガラシがさらに紛らわしいのは、タイ産と同じく、こちらもピリピリと呼ばれている点だ。また、「アフリカン・デビル」の名前でも知られる。スコビル値は一五万〜一七万五〇〇〇SHU。

バンガロール・トーピード（Bangalore Torpedo）

典型的なカイエン種によく似たインド産のトウガラシ。ねじれた細長い実は、五インチ（一三センチ）前後にまで成長し、熟すとともに色は鮮やかな緑色から緋色に変わる。炒め物に使ったり、刻んでサラダに入れたりと、インドのさまざまな郷土料理にほどよい熱さを添えてくれる。スコビル値は三万〜五万SHU。

ブート・ジョロキア（Bhut Jolokia） ⇒口絵③

インド史に登場するナガ族の戦士にちなみ「ナガ・ジョロキア」、あるいは一度聞いたら取り憑かれそうな「幽霊トウガラシ」などの名前でも知られる。二〇〇〇年代後半、わずかな期間だったが、ブート・ジョロキアは世界一辛いトウガラシの名声を謳歌していた。カプシカム・フルテッセンスとカプシカム・シネンセの交配種で、インド北東部のアッサム地方を原産地としている。長さ約三インチ（七・六センチ）、幅一インチ（二・五センチ）ほどの扁平な形をした実で、表面には凹凸があり、熟すにしたがってオレンジ色から赤く色づいていき、時には濃いチョコレート色に変わることもある。辛さは想像を絶し、インド料理でもごくごく控え目に利用されている。チャツネなどの薬味としても使われているが、頭のてっぺんが吹っ飛ぶほどの辛さだ。スコビル値は八五万〜一〇〇万SHU。

ハポネス（Japones）

メキシコを原産地するトウガラシで、形はメキシコ産のチレ・デ・アルボル（67ページを参照）といささか似ているが、ハポネスは東アジアの特産トウガラシとしてもっぱら栽培されている。タイ料理や日本料理、中華料理に幅広く利用され、とくに四川料理と湖南料理には欠かせない。先がとがった果皮の薄い実で、成熟すると三インチ（七・六センチ）ほどの大きさになる。乾燥した丸ごとの実のままで売られる場合が多いが、パウダーにしたものもよく見かける。辛味強度の領域が大きいトウガラシだ。スコビル値は二万五〇〇〇～四万ＳＨＵ。

カンブジ（Kambuzi）

原産地は中部アフリカに位置する小さな内陸国マラウイで、ハバネロに似たサクランボ形をしている。先がとがったミニトマトにも似ており、色味はオレンジ色から赤色といろいろある。「カンブジ」とは「小さな山羊」という意味で、山羊はこのトウガラシの葉を好んで食べる。香辛料としての用途は広く、実際、非常に辛いものもある。スコビル値は五万～一七万五〇〇〇ＳＨＵ。

マラゲータ（Malagueta）

マラゲータはギニアショウガ《メレグエタ・ペッパー》とよくまちがえられるが、ギニアショウガはトウガラシではないし、アフリカでは「グレインズ・オブ・パラダイス」の名前で知られている。マラゲータもアフリカでは「ピリピリ」の名前で知られているが、もちろん、60ページで紹介したピリピリとは異なる。本来のマラゲータはブラジルを原産地とするトウガラシで、ポルトガル人の手によって、中部アフリカ西岸沖にある島国サントメ・プリンシペやモザンビークなど、ポルトガルが支配していたアフリカの植民地に持ち込まれた。現在でも、ブラジル北東部のバイーア州ではよく食べられている。二インチ（五センチ）ほどの果皮が薄い実で、熟すると鮮やかな赤色を帯びる。焼けつくような辛さを持つトウガラシだ。スコビル値は六万〜一〇万ＳＨＵ。

シリン・ラブヨ（Siling Labuyo）

フィリピンに自生するトウガラシで、フィリピン料理の食材として広く利用されている。「シリン・ラブヨ」はタガログ語で「野生のトウガラシ」の意で、素っ気ないことこのうえない名前だ。小さくて、先がとがったつぼみ状の実をつける。実は上向きに成長して、大きさは一インチ（二・五センチ）ぐらいが普通だ。熟すにしたがい、ハロウィーンのカボチャのようなオレンジ色から濃い赤色、真っ黒とさまざまな色に変わっていく。実は小さいが、辛さはかなり激しい。スコビル値は八万〜一〇〇万ＳＨＵ。

タバスコ（Tabasco）

タバスコといえばマキルヘニー社のトウガラシソース「タバスコ」。メキシコ原産のこのトウガラシの名前は、「タバスコ」ですっかり有名になった。マキルヘニー社の「タバスコ」がはじめて生産されたのは一八六八年で、いまでは世界中で知らない者はいないソースになった。トウガラシのタバスコは上向きに実をつけ、大きさは一インチ（二・五センチ）足らず。実の色は真っ赤で、生の実の内側は見るからに汁気がたっぷりである。スコビル値は三万〜五万ＳＨＵ。

◉カプシカム・シネンセ種

アジュマ（Ajuma）

ブラジル原産のトウガラシだが、市場では後出のスリナム・イエロー（93ページ参照）とよくまちがえられる。小さなベル形のぷっくりした実をつけ、熟すと黄色もしくは赤色に変わる。辛さのレベルは最も辛いハバネロに匹敵する。スコビル値は一〇万〜五〇万ＳＨＵ。

アヒ・ドゥルセ（Aji Dulce）

ベネズエラ原産のハバネロの変種。アヒ・ドゥルセ（「甘いトウガラシ」という意味）はカリブ海にも広がっていった。形はいびつで、色の濃淡にむらがある。辛さは比較的穏やかなトウガラシで、ソフリット〔香味野菜を油でじっくり炒めたもの〕やサルサなどに使われている。スコビル値は五〇〇〜一〇〇〇ＳＨＵ。

アヒ・リモ（Aji Limo）

ペルー原産のトウガラシで、ベネズエラのアヒ・ドゥルセとは従兄弟のような品種だが、こちらのほうがはるかに辛い。実は丸くて大きさは二インチ（五センチ）、成長すると先端がとがってくる。熟すにつれて実の色は人参のようなオレンジ色から燃え立つような赤色に変わる。ラテンアメリカでよく食べられているセビチェという魚介類のマリネに使われ、このトウガラシならではの柑橘系のようなフレーバーを料理に添える。スコビル値は五万〜六万ＳＨＵ。

キャロライナ・リーパー（Carolina Reaper）

⇒口絵②

この原稿を書いている時点では、キャロライナ・リーパーが世界で最も辛いトウガラシとして、二〇一三年以来、ギネス世界記録として公式に認められてきた。サウスカロライナ州のパッカーブット・ペッパー・カンパニーのスモーキン・エドによって開発された。鮮やかな赤い実は巾着袋に似ており、表面にはシワが寄っている。実幅は一・五インチ（三・八センチ）足らずで、実の先の部分には、まさにこのトウガラシにふさわしく、スズメバチの針のような小さな尾がついている。ウィンスロップ大学が行ったバッチ実験の辛味の平均強度は一五六万九三〇〇ＳＨＵだったが、辛味強度が最も強い実は、口をも焦がさんばかりの二二〇万ＳＨＵを記録した。この事実は二二〇万ＳＨＵを優に超えるトウガラシが開発できる可能性をうかがわせるものであり、世界もその出現を心待ちにしなくてはならない。このトウガラシについては後出のドラゴンズ・ブレスも参照。

ダティル（Datil）

伝えられる話によると、このトウガラシは、一七七〇年代に地中海西部のメノルカ島の出稼ぎ労働者によってアメリカに持ち込まれたという。現在、フロリダ州のセントオーガスティン周辺を中心に生産されており、メノルカ島出身の子孫のあいだでは変わらない人気だ。実の形は見るからに不格好で、オレンジ色がかった赤い色をしている。口を焼くほどの辛さだが、心地よい甘味があり、フレーバーはハバネロに似ている。スコビル値は一五万〜三〇万ＳＨＵ。

ドラゴンズ・ブレス（Dragon's Breath）⇒口絵①

北ウェールズのセント・アサフの育種家マイク・スミスが開発したトウガラシ。二〇一七年、かねてからノッティンガム・トレント大学の研究プログラムと共同で、これまでにない魅力的な鑑賞用トウガラシの開発を進めてきたスミスは、辛味強度の世界記録を更新する新種のトウガラシを開発したと発表した。スミスはこの新種に、「ウェールズの龍」にちなんだ「ドラゴンズ・ブレス」の名前を授けると、スコビル値は約二四八万SHUだと主張した。この数値が確認できれば、世界で最も辛いトウガラシの記録を塗り替えるはずだった。しかし、ドラゴンズ・ブレスの認定前、パッカーブット社のスモーキン・エドが、近々、さらに辛い品種（「ペッパーX」という謎めいたネーミング）を発表するという話を流したことで、結局、ドランゴン・ブレスは世界一の称号を得られなかった。この話は辛味強度をめぐる、現在の開発競争の現実を如実に示している。

ファタリー（Fatalii）

おそらくハバネロに連なるトウガラシで、原産地は中央アフリカと南アフリカ。熟すとバナナのように黄色く色づくのでひと目でわかるが、赤色や褐色の実をつけるものもある。成長した実の大きさは長さ三インチ（七・六センチ）、幅は一インチ（二・五センチ）ぐらいで、表面にシワが寄っている。柑橘系のはっきりした風味があり、料理に利用されるほか、マンゴーやパイナップルなど酸味の強い果物とともに、アフリカのホットソースの材料に使われることが多い。非常に辛いトウガラシである。スコビル値は一〇万～三二万五〇〇〇SHU。

ハバネロ（Habanero） ⇒口絵⑥

カプシカム・シネンセ種に属するトウガラシの祖先に相当する品種で、辛いトウガラシとして世界的に最も知られている（ハバネロという名前はキューバの首都ハバナに由来する）。ペルーでハバネロが栽培されていた痕跡は、少なくとも紀元前六五〇〇年にまでさかのぼる。熱帯の非常に熱い気候を好み、ランタン形の実は熟すとハバネロならではの赤みがかったオレンジ色になる。果皮は薄く、ツヤツヤしている。テキサスでは穏やかな辛さの品種も開発されているが、本来の品種のスコビル値は二〇万〜三〇万ＳＨＵ。

海南黄灯笼椒《ハイナンフゥアンドンロンジャオ》（Hainan Yellow Lantern）

海南黄灯笼椒は「黄帝椒《フゥアンディジャオ》」の名前でも知られている。果実には緩やかな凹みがあり、成長すると長さおよそ二インチ（五センチ）、幅一インチ（二・五センチ）ほどになり、熟すると目にも鮮やかな、光沢のある明るい黄色になる。原産地は中国の最南端に位置する島嶼部の海南省で、主にチリソースに加工されている。スコビル値は二五万〜三〇万ＳＨＵ。

インフィニティ（Infinity）

ナガ・ヴァイパー（後出）に更新されるまでのごく限られた期間だったが、インフィニティは二〇一一年に世界一辛いトウガラシとして認定された。開発したのはイングランド東部のリンカンシャーでファイア・フーズ社を経営するニック・ウッズ。ハート形をした実は熟すとオレンジがかった赤い色になる。シワの多い果皮で、表面はでこぼこしている。はじめはフルーティーな味わいだが、あとで目のくらむような灼熱感に見舞われる。スコビル値は一〇〇万～一二五〇万ＳＨＵ。

ジャマイカン・ホットチョコレート（Jamaican Hot Chocolate）

伝えられる話によると、このトウガラシがはじめて注目されたのは、ジャマイカのポート・アントニオの通りに立つ露店で、スモモのような褐色をした小ぶりでシワの多い実が人目を引いた。成長してもせいぜい一～二インチ（二・五～五センチ）ほどの大きさだが、力強い、スモーキーな風味がある。カリブ海地方のホットソースにはなくてはならないトウガラシだ。スコビル値は一〇万～一二〇万ＳＨＵ。

ナガ・モリッチ（Naga Morich）

原産地はインド北東部のアッサム地方で、バングラデシュでも栽培されている。インド（とイギリス）では「ドーセット・ナガ」の名前でも知られている。前出のブート・ジョロキアに似ているが、モリッチの実は小さく、表面はなめらかではなく凹凸があり、辛味にもまさっている。スコビル値は一〇〇万～一一五万ＳＨＵ。

ナガ・ヴァイパー（Naga Viper）

イングランド北西部のカンブリアにあるチリペッパー・カンパニーのジェラルド・ファウラーによって開発された品種で、二〇一一年から一二年のごく短い期間ではあったが、世界一辛いトウガラシとして認定された。実は光沢のある赤い色をしており、表面にはシワが寄っている。ブート・ジョロキア、ナガ・モリッチ、後出のトリニダード・モルガ・スコーピオンの三種類のトウガラシを掛け合わせてできた品種である。スコビル値は一三八五万二〇〇〇SHU。

ペーパー・ランタン（Paper Lantern）

ハバネロを細長くしたタイプの品種で、大きさは約三インチ（七・六センチ）。成熟すると黒みを帯びた紅色になり、実の先端がとがってくる。はかなげな名前とは裏腹に、寒冷な気候のもとでもたくさんの実をつける。トウガラシ料理に欠かせない、しっかりとした辛さの味のベースを作ってくれる。スコビル値は二五万〜三五万SHU。

ペッパーX（Pepper X）

キャロライナ・リーパーを抜いて辛さ世界一になりかけたドラゴンズ・ブレス、それがつかの間に終わったのは、スモーキン・エドことエド・カリーが二〇一七年に開発した品種のせいだった（二〇一九年の時点でギネス世界記録はペッパーXを世界一辛いトウガラシとは認定していない）。当時、ペッパーXと謎めいた開発名で呼ばれたトウガラシのスコビル値は、平均で三〇〇万SHUを超えていた。辛さはキャロライナ・リーパーのおよそ二倍だ。実はゴツゴツとして、緑がかった黄色をしており、「ラスト・ダブ」というホットソースの主成分として使われている（このソースのキャッチフレーズは「こいつは手強《タフ・ワン》い」だ）。二〇一七年九月にエド・カリーのユーチューブ・チャンネル「ホット・ワンズ」で開発が公表されると、このニュースにホットソースを求める声は一気に高まった。しばらくのあいだ辛さ世界一は、ペッパーXが首位の座を守りそうだ。スコビル値は三〇〇万SHU。

レッド・サヴィナ（Red Savina）

二〇〇〇年代にカリフォルニア州ウォールナットで開発された品種。ブート・ジョロキアによって二〇〇七年に奪われるまで、世界一の辛いトウガラシの地位を謳歌していた。丸い実は熟すとクレヨンの赤色をさらに深めた色に変わる。皮膚を保護するため、扱う際には手袋が必要なほどの辛味強度を持つ品種だ。スコビル値は三五万～五五万ＳＨＵ。

スコッチ・ボネット（Scotch Bonnet）⇒口絵⑩

ハバネロの近縁種のトウガラシで、ハバネロと並びおそらく世界で最も名前を知られたカプシカム・シネンセ種に属するトウガラシである。スコッチ・ボネットという名前は、スコットランドのタマシャンター帽という、てっぺんに毛糸の玉房がついた平らな帽子に由来する。カリブ海の島々では定番のトウガラシで、甘味を高めた品種を栽培している者もいる。中央アメリカやアフリカでも広く食べられている品種だ。オレンジ色や赤く熟した実はさまざまな料理に利用され、ホットソースとして瓶詰めにされている。ジャマイカ料理のジャークチキンや豚肉料理に欠かせないスパイスとしてとくに有名だ。スコビル値は一〇万～四〇万ＳＨＵ。

スリナム・レッド／スリナム・イエロー（Suriname Red/Suriname Yellow）

南アメリカのスリナム（かつてのオランダ領ギアナ）を原産地とするトウガラシ。近縁種同士であるレッドとイエローともに、ずんぐりとした実は湾曲して果皮には凹凸がある。いずれも辛い品種のトウガラシである。スリナム・イエローは「マダム・ジャネット」の名前でも知られる（売春宿の経営者として知られたブラジルのマダム・ジャネットにちなんで名づけられたらしい）。人気はイエローのほうが高く、品種としてもスコッチ・ボネットや原種のハバネロに近い。熟したスリナム・イエローにはパイナップルの風味があるが、辛さの点ではスリナム・レッドのほうが際立っているといわれている。スコビル値は一〇万〜三五万ＳＨＵ。

トリニダード・モルガ・スコーピオン（Trinidad Moruga Scorpion） ⇒口絵⑤

このトウガラシは次に紹介するトリニダード・スコーピオン・ブッチＴの近縁種で、トリニダード南東部のトリニティ・ヒルズにあるモルガ地区で、ワヒド・オギールによって開発された。モルガ・スコーピオンも二〇一二年から一三年にかけて、世界一辛いトウガラシという栄誉に輝いた。ずんぐりとした丸い実をつけ、熟すと色は緋色に変わる。フレーバーは甘いが、カプサイシンがもたらす猛火のような辛さは尋常ではない。スコビル値は一二〇万〜二〇〇万ＳＨＵ。

トリニダード・スコーピオン・ブッチＴ（Trinidad Scorpion Butch T） ⇒口絵④

スコーピオン・ブッチＴも、数年前に世界一辛いトウガラシとしてスポットライトを浴びた品種だ。トリニダード・スコーピオンの自生種からではなく、ミシシッピ州の育種家ブッチ・テイラーが提供した種子から誕生した。キャロライナ・リーパーのように、球根に似た平べったい実の先端に太い針のような突起がある。熟すと実の色は目にも鮮やかな緋色に変わる。カリブ海に浮かぶトリニダードとトバゴでは、瓶詰めのホットソースに使うため古くから取り入れられてきた。このトウガラシの辛さの秘密は栽培する土壌にあり、ワームファーム（ミミズ堆肥）から流れてくる水を肥料として使ってきた。生ガキにこのトウガラシのホットソースを振りかけて食べているときには、この手の詳しい話はあまり聞きたくはないだろうが、理論的には、昆虫の死骸をミミズが食べることでキチンという物質が排出され、このキチンでトウガラシが備えている防衛機能にスイッチが入り、トウガラシは自分を守るために辛味強度をさらに高めると考えられている。スコビル値は最大で一四六万三七〇〇SHU。

◉カプシカム・バカタム種

アヒ・アマリージョ（Aji Amarillo） ⇒口絵⑨

ペルーでは、トウガラシといえば黄色のアヒ（トウガラシ）のことをいい、アンデス地方一帯で栽培されている。アヒ・アマリージョは、大きさ四インチ（一〇センチ）ほどの先細りのトウガラシで、実は熟すとオレンジ色がかった黄色に深く色づく。郷土料理やサルサなど多くの料理に利用され、乾燥させた丸のままの実や粉末状のものが売られている。スコビル値は最大で四万〜五万SHU。

アヒ・リモン（Aji Limon）

アヒ・リモンもペルー産のアヒだが、先述したアヒ・リモ（87ページを参照）とは別の品種で、「リモン」「レモン・ドロップ」とも呼ばれる。実は二インチ（五センチ）大で、シワが寄っており、熟すと淡いレモンイエローに色づく。「リモン」という名称は色に由来するのではなく、このトウガラシが帯びている強い柑橘系のフレーバーのせいと、日ごろ食べ慣れている人は口をそろえて言っている。なかには石鹸のような臭いが強すぎると言う者もいるが、このトウガラシの本領を知りたいならウォツカに漬け込んでみることに尽きるだろう。香り高いロシアウォッカ「リモンナヤ」のようになるのだ。スコビル値は最大で一万五〇〇〇〜三万SHU。

ブラジリアン・スターフィッシュ（Brazilian Starfish）⇒口絵⑥

赤くて平たい実は、まさに海のスターフィッシュ（ひとで）の星形を彷彿させるが、実は成熟しても二インチ（五センチ）ほどにしかならない。フルーティーで甘い香りだが、高い辛味強度の一撃は半端ではない。星形を生かした創造的な切り方をぜひ試してみたい。スコビル値は一万〜三万SHU。

クリスマス・ベル（Christmas Bell）

奇妙な形ということでは、これほど奇妙な形をしたトウガラシはほかにはないだろう。クリスマス・ベルは広がった裾を持つ釣り鐘形をしたトウガラシで、実の下からは鐘の舌を思わせるような部分が顔をのぞかせている。原産地のブラジルでは、二大産地にちなんで「ウバトゥバ・カンブシ」と呼ばれるほか、「ビショップズ・ハット」（司祭の帽子）とも呼ばれている。熟した実は、サンタクロースが着る服のような華やかな赤い色をまとっている。穏やかな辛味強度の品種。スコビル値は五〇〇〇〜一万五〇〇〇SHU。

クリオイヤ・セイヤ（Criolla Sella）

原産地はボリビアの高地で、その姿は文句なしに美しい。大きさ二インチ（五センチ）の実はゴールデンイエローに輝いている。乾燥させるには最適の薄い果皮で、具だくさんのサルサにカラフルな色合いを添えるだけでなく、スモーキーで柑橘系の香りはサルサにされることでいっそう引き立つ。スコビル値は二万〜三万SHU。

ペパーデュー（Peppadew）

世界的に知られるようになったトウガラシのひとつで、そもそもは一九九三年に南アフリカのリンポポ州の菜園で偶然発見された。ミニトマトに似た果物のような外見をしており、甘いピックル溶液に漬けた状態で売られているのが普通だ。スコビル値は一〇〇〇〜一二〇〇SHU。

◉カプシカム・プベッセンス種

カプシカム・プベッセンス種のトウガラシは、わずか五種類しかないほど希少で、おそらく自生はしていないだろう。中央アメリカ、南アメリカで主に栽培され、「ロコト」と「マンザーノ」などの名前で知られている。「マンザーノ」はスペイン語で「リンゴ」を意味し、実こそ小さいがその形はまさにリンゴと瓜二つだ。

どの品種も光沢のある深紅色をした、直径約一インチ（二・五センチ）ほどの実をつける。一般にトウガラシの種子の色は白がほとんどだが、この種に属するトウガラシはリンゴの種子のように暗褐色をしており、比較的寒冷な気候のもとでも熟す。葉は毛で覆われており、「プベッセンス」（軟毛）という名称の由来でもある。

　産地によって、黄色く熟すロコトは「カナリオ」、梨形のものは「ペロン」、カナリア諸島で栽培されている細長い形をしたものは「ロコト・ロンゴ」などとも呼ばれている。辛味強度は原産地のものと亜類型のものによって大きく異なり、スコビル値は五万～二五万ＳＨＵに及ぶ。

第２部

トウガラシの歴史

Part Two : History

第3章◉アメリカのスパイス──原産地のトウガラシ

トウガラシが残っていた六〇〇〇年前の土器

中央アメリカと南アメリカで発見されたトウガラシは二〇種から三〇種、そのうち栽培種として改良されたのはわずか五種類である。この五種が栽培され始めたのは、いずれもコロンブスのアメリカ大陸到達以前の時代で、現在、世界中で見受けられるどのトウガラシも、もとをたどればこの五種のうちのひとつにかならずたどりつく。

世界で最も広く行き渡っているトウガラシ属の二種──カプシカム・アニュームとカプシカム・フルテッセンス──だけではなく、カプシカム・プベッセンスに属するトウガラシもまた、中央アメリカの北部、たぶん現在のメキシコで最初に栽培が始まったと推定されている。それを示す考古学上の証拠は、メキシコ南東部に位置するプエブラ州のテワカン・バレーから発掘された。ここの遺物は約六〇〇〇年前にまでさかのぼる。[1] 出土したトウガラシはカプシカム・アニュームに属していた。

ほかの二種──カプシカム・バカタムとカプシカム・シネンセ──の出土品で最も古いものは、エクアドル南西部のロマ・アルタとリアル・アルトの遺跡から見つかっている。興味深いのは、これら二種のトウガラシの最古の栽培記録と、カプシカム・アニュームのトウガラシがほぼ同時期に栽培されていた点だ。いずれのトウガラシの栽培も、まったく別の発展を遂げてきたが、同じような目的で栽培されてきた可能性はきわめて高い。つまり、ある作物の安定供給で、その作物には保存効果と抗菌効果があり、それを食べる人間に健康と幸福のいずれも授けてくれる。

こうした大昔の時代に、トウガラシはどのようにして食べられていたのか、それを正確に知る手立てはなく、いまもまだ推測の域にとどまる。ただ、遺跡から出土した当時のトウガラシから、ある程度の見当はつけられそうだ。出土したトウガラシは、鍋や石臼、注ぎ口のついた容器や水差しなど、さまざまな容器から発見された。粉に挽いたり、あるいはきわめて細かく刻んだりしてから、ほかの食材とともに調理された。さらに、ある時期からパスタ料理やサルサソースの香辛料として独自に利用されるようになる。こちらの使われ方がいつのころから始まったのかについても正確にはわかっていないが、テワカン・バレーのチアパ・デ・コルソで発掘された出土品から推定すると、先古典期の中期(紀元前四〇〇年~紀元三〇〇年)には、トウガラシは香辛料として加工され、注口土器に入れて保存されていたようである。

考古学者は当初から、この土器は単なるデキャンターで、液体を小さな容器に移し替える容器として広範囲の地域で使われていたと見なしたが、トウガラシが残っていたことから、トウガラシ専用の容器として使われていたことも考えられる。つまり、この注口土器は、チリソースのボトルの先駆けだったのかもしれない。並べられた別の料理にわずかに触れただけで、その料理の味を激変させてしまうので、トウガラシは別の容器で保存されていたのだろう。これらの容器がもしも、トウガラシの保存専用に使われていたのなら、出土した容器のなかにトウガラシの種子が発見される可能性は高いはずだが、種子は一粒も見つかっていない。種子もそのまま挽かれていたのか、あるいは可能性は低いものの、トウガラシの味そのものを楽しむために、種を取り除いてから容器に移していたのかもしれない。

このチリソース説は、トウガラシに使っていたことを示す石臼や同時期の道具が発見された事実からも裏づけられるだろう。当時、食物はマノとメタテという道具ですりつぶされていた。中央が凹んだ丸くて大きな石皿（メタテ）に食材を乗せ、石鹸大の石のすり棒（マノ）を使ってすりつぶしていく。この調理法はのちにモルカヘテ——乳鉢と乳棒の祖先のようなメキシコの伝統的なすり鉢——に取って代わられる。最古のマノとメタテは紀元一〇〇〇年の後古典期のもので、それ以前からメキシコで使われていた証拠は存在しない。

注口土器にトウガラシが残っていた事実については別の理由も考えられる。トウガラシの汁を容器の内表面に塗り、なかに入れる食物の保存や防虫のために利用されていたのかもしれない。発掘例によっては、木材の灰と混ぜ合わせたと思われるトウガラシの残留物が発見される例があり、このような混ぜ物は、口に入れるものとしてではなく、保存のために使われていた可能性が十分に考えられる。

こうした出土品は、洞窟遺跡で知られるテワカン・バレーがあるメキシコ南東部地域や、現在のオアハカ州やベラクルス州で見つかっている。先古典期の中期から後期にかけて、この地帯ではミヘー族とソケー族として知られる人たちによってそれぞれ優れた文化がすでに営まれていた。ミヘー族もソケー族も同一の言語集団に属しており、スペイン征服以前のメソアメリカで、はじめて大規模な文明を築いたオルメカ人の末裔と考えられている。

十六世紀、スペインのコンキスタドール、エルナン・コルテスは、母国のスペイン国王カルロス一世（カール五世）に宛てた手紙のなかで、ミヘーとソケーはスペインの軍隊が征服できなかった唯一の先住民だと報告している。その理由は、ひとつには彼らの住む土地が峻険で人を寄せつけなかったからで、また、土地を守ろうと、彼らが一歩も引くことなく立ち向かったからである。寸分のすきもなく身を固め、さらに地の利を得た彼らは、みずからの文化に対していかなる侵食も許さず、カトリックの伝道師による改宗にもことごとく抗い続けてきた。他の小さな部族は、スペイン人による征服や免疫のないヨーロッパの病気に感染して消え去ったが、ミヘーとソケーの人々の文化は現在にいたるまで持ちこたえている。

チアパ・デ・コルソから発掘されたトウガラシの出土品にはある共通点があった。いずれも上流階級に属している者に関係しており、ある出土品は生前高い身分にあった人物の墓の副葬品で、また、宗教儀式が執り行われた寺院からも掘り出されている。トウガラシは部族の長老の死に手向けられる供物として使われていたらしく、空になったトウガラシの壺や容れ物は、ほかの副葬品とともに墓に埋められていた。前述したようにトウガラシには抗菌作用がある。トウガラシは供物のみならず薬のように使われ、来世に旅立つ故人の身を案じ、トウガラシを盛った鉢や水差しが墓に置かれていたようだ。

ホットチョコレートとトウガラシ

メソアメリカでは大昔から、カカオで作ったホットドリンクの風味づけにトウガラシが使われてきた。少なくとも紀元前一九〇〇年までさかのぼるオルメカ文明が栄えた先古典期では、こうしたトウガラシの使い方が贅沢なものであったことは、この飲み物が「テコマテ」という、複雑な装飾が施された背の高い陶器の壺に入れて供されていた点からもうかがえる。実際、アステカ社会の上流階級でも、同様な作法でカカオのホットドリンクを飲む習慣があったことが、十六世紀初期に入植したスペイン人によって目撃されている。

スペインの修道士ベルナルディーノ・デ・サアグンは、いまでいう優れた人類学者のような人物で、スペインのメキシコ支配について実地調査を行っていた。一五六〇年代に書かれたサアグンの日誌には、ホットチョコレートの売買と調合方法について記されている。ホットチョコレートに加えられる香味料が順番にあげられ、一番目にサアグンの言う「トウガラシ水」が記され、そのあとにバニラ、生花もしくはドライフラワー、ハチミツなどの芳香を添える材料が列挙されている。

ここで、どうしても答えが知りたい疑問が頭をもたげる。トウガラシとカカオ、はるか昔の時代において、果たしてどちらが最初に使われるようになったのだろうか。食物史を研究する学者が考えるように、トウガラシはホットチョコレートに苦味を添える素材のひとつだったのか。それとも、そもそもトウガラシの調合が先にあり、猛烈なその辛さをいくぶんたりとも和らげるためにカカオが加えられたのだろうか。チアパ・デ・コルソの遺跡から出土したトウガラシとともに、カカオの遺物が見つかっていない点を踏まえると、後者のトウガラシ先行説もまんざら的外れとは言えない。となると、ホットチョコレートのレシピは、おそらく偶然に見つかったものなのだろう。虫除けや保存のために内側にトウガラシの汁が塗布された壺に、ホットチョコレートをたまたま注いだところ、その風味の変わりように気がついたのかもしれない。

先古典期に栄えたオルメカ文化だが、メソアメリカでトウガラシを最初に栽培したのはオルメカの人々ではない。実は、トウガラシの栽培種の痕跡は、陶器が大々的に作られる以前の時代にまでさかのぼるのだ。この事実から、トウガラシの栽培は古代のアメリカ大陸に現れ、定住しつつ、交易を行っていた集団のひとつによってすでに行われていたことがうかがえる。考古学者のリンダ・ペリーが唱えるのは、トウガラシの栽培は、現在のペルーとボリビアでたまたま始まったという説である。二〇〇七年二月の「サイエンス」に掲載された論文によると、彼女の調査チームが南米エクアドルの南部地域で発掘したトウガラシの栽培種の遺物は六二五〇年前ごろのもので、この地域にはトウガラシが自生していないことから、出土したトウガラシの遺物は近隣のほかの地域から持ち込まれて栽培されてきたトウガラシの子孫ではないかとペリーは記している(2)。

この説によると、トウガラシがはじめて栽培されたのは南アメリカの北部地域で、それから中央アメリカのメキシコまで持ち込まれたことになる。ただ、この説にしたがうと、南アメリカと中央アメリカでは、種が明らかに異なるトウガラシが栽培され、しかもその栽培が南アメリカと中央アメリカという遠く隔たった土地で、ほぼ時を置かず、同時に起きた事実と矛盾するようにも思えてくる。

オルメカ人の食事

トウガラシが世界中に伝播していく過程については、それぞれの土地でトウガラシがどのように食べられてきたのか、調理の文脈の点から考えてみる必要があるだろう。つまり、トウガラシはどのような食材とともに食べられて、どのような手順で調理されていたのか。香辛料として利用されていたのか、あるいは独自の野菜として食べられていたのか、などである。

大昔の南北アメリカの両大陸で、主食として大陸を横断して食べられるようになった穀物はトウモロコシである。トウモロコシの祖先に当たる最古の野生種は、メキシコ中央部に自生するブタモロコシ《テオシント》で、穂軸はあるが大きさわずか三インチ（七・六センチ）ほどしかないミニチュアのトウモロコシである。時代は少なくとも紀元前七〇〇〇年にまでさかのぼる。栽培化されたブタモロコシの子孫で、大粒で黄色い粒をたくさんつけるトウモロコシが生み出されたのは、おそらく紀元前一五〇〇年前後だ。その栽培法と食物として加工する調理技術——濡らした石臼やパメラーの使い方——は、メキシコ湾沿いに伝わった。

トウモロコシ食の普及はオルメカ文化の勃興に一致しているが、オルメカ文化に関係する発見はもどかしいほど限られている。オルメカの人々は、メソアメリカ料理に欠かせない三種の食物であるトウモロコシ、豆、カボチャをもっぱら食べていた。トウモロコシは粉に挽いたのち、お湯で煮てゆるい粥にする。スペイン語で「アトーレ」として知られる穀物飲料である。あるいはこねた粉をトウモロコシの葉で包み、タマル（59ページ参照）にする。タマルは蒸した団子で、中華料理の糯米鶏《ローマイガイ》（こちらは蓮の葉に包む）と似たような料理だ。

こうしたトウモロコシ料理は多種多様で、本当にさまざまな肉や食材といっしょに食べられていた。鳥肉はもちろん、アライグマ、鹿、オポッサム、ペッカリー（猪の一種）や飼い犬のほか、亀や魚、イカやタコや貝などの海や淡水の生き物などである。集落周辺の田畑ではカボチャ、豆、トマト、サツマイモが作られていた。熱帯雨林の森に高々とそびえ立つ木にはアボカドが実をつけ、ジャングルの木を払って作った小さな飛び地ではトウガラシが育てられ、近くにはチョコレートドリンクを作るカカオの茂みがあった。チョコレートドリンクを考え出したのは、オルメカ人であるのはまずまちがいないだろう。

家畜の肉とともにトウモロコシ料理は、地面から一段高く設けられた石舞台で行われた宗教儀式において、神に捧げる供物の基本となった。羽毛を持つ蛇——半神半人の神で、アステカ文明やマヤ文明などの後期メソアメリカ文明に共通する神——は、おそらくオルメカ文明を起源としている。そのほかにも天気を支配する精霊や雨や太陽の神がいた。アステカ帝国では人身御供が行われていたが、オルメカで人間が生け贄として捧げられていたのかどうかはよくわかっていない。アステカ文明のような神職階級は存在せず、神への供犠はそれぞれの集団の支配者によって執り行われた。

オルメカ人の食事はトウガラシに大いに負っていた。調理のために代々使われてきた炉、あるいは陶製の容器の痕跡やゴミ捨て場から発見されたトウガラシの種子や遺物など、トウガラシは常にそこにあり続けた。やがて、苦味の利いたチョコレートドリンクや水っぽいアトーレの風味づけに欠かせない材料として使われるようになり、さらに上流階級の者が口にする料理に添える辛味の利いた料理やサルサソースのベースとして、おそらくハーブなどの香味成分を持つ食材とともに水から煮られるようになっていった。メインディッシュの食材の風味を添えるためにドレッシングを使えることは、選ばれた者ならではの特権のひとつだ。栄養上の必要からではなく、料理の味に見た目の美しさを添えようと、わざわざ手間がかけられているからである。

『メンドーザ写本』のトウガラシ

世界のどんな地域でも、ある食べ物がその土地の主要な食物になると、当の食べ物は矛盾する意味を帯びるようになる。日々の食事において、代わり映えのしない、あって当たり前の単調なものとなりながら、誰もが食べるというまさにその理由で、欠かすことができない貴重な存在となる。その点では塩も同じだ。早期のメソアメリカを生きた人たちには、塩と同じように、トウガラシは文字通り必須の食材になっていた。トウガラシの栄養価について経験的に気づいていたのでなおさらだった。アステカ文明の時代、トウガラシなしの食事、トウガラシ抜きの料理は砂を噛むようなもので、その味気なさは、間もなく水平線に姿を現すスペイン人の四旬節の断食のようなものだった。トウガラシは肉や魚の味付けに使われ、平たい丸形のパンの生地に練り込まれた。また、干したトウガラシをかじっては病気にかかるのを防いでいた。

これほど優れた植物性食品は、食事以外の目的でも珍重され、たとえば、干したトウガラシを赤ん坊の足の裏にこすりつけて子供の無病息災を願った。燻すと目に痛い煙は、聖俗にかかわらず多方面に利用されていた。葬式ではこの煙で悪霊を追い払い、言うことを聞かない子供には折檻の道具としても使われた。火にくべたトウガラシの臭いをかがせるだけで十分だった。子供は涙をいっぱい目にため、後悔で息を詰まらせた。スペインのメキシコ征服からほぼ二〇年が経過した一五三〇年代後半に完成した『メンドーザ写本』には、隣合わせに描かれた二枚の絵があり、子供が折檻を受けている様子がはっきりと描かれている。小さな娘に煙を見せている母親は、行儀よくしていなさいとわが子を脅しているようでもあり、彼女の夫にいたっては抱きあげた子供の顔を煙の上にかざしている。

トウガラシは多くの地域で通貨の役割も果たし、貢納制度のもとで中心的な貢ぎ物の役割を担っていた。コロンブスが第一回目の航海を果たしたころ、現在のメキシコの各州に住んでいた先住民は、時の皇帝モクテスマ二世に、年貢として一六〇〇〇俵のトウガラシを納めていたという。

マヤ文明はオルメカ文明とともに栄え、メソアメリカの三分の一の地域を占めるにいたった。マヤ文明は、かつては紀元前二〇〇〇年ごろ、つまり先古典期として知られる歴史の黎明期に出現したと考えられていたが、現在、考古学者たちは、この文明の起源は少なくともさらに六〇〇〇年以上も前にさかのぼると考えている。マヤ文明は近隣の諸部族と友好的な交易関係を謳歌し、非常によく似た食事を生み出してきた。トウモロコシ、豆、カボチャの三大炭水化物は、トウガラシによって栄養面で補われていた。

一九七六年にエルサドバドルの西部で発掘されたマヤ文明の遺跡ホヤ・デ・セレンは、「アメリカのポンペイ」として知られている。紀元五九〇年ごろ噴火した火山によって、村は一瞬のうちに一四層の火山灰の下に埋もれ、噴火直前まで息づいていた農村の様子はそのまま完璧な姿で保存された。キャッサバ畑は噴火のわずかに数時間前に植え付けを終えたばかりで、台所では綿の種をすりつぶしている最中だった。おそらく料理の油に使おうとしていたのだろう。保存されていた食物のなかから、この村や周辺地域で主に食べられていたトマトとトウガラシが見つかっている。遺跡で残っていなかったのは、人間の姿だけだった。なんの前触れもない突然の噴火だったにもかかわらず、不運に見舞われたポンペイの住民とは違い、ここの村人はなんとか逃げおおせることができたようだ。噴火がそら恐ろしいほどの突発の事態だったことが、食べかけの食事のあとからもうかがえる。

最後にはマヤ文明も壊滅的な滅亡を迎えてしまうが、中央アメリカでは一三〇〇年ごろからアステカ帝国が台頭してそのあとを継いだ。十四世紀から十六世紀にかけてアステカ帝国がメソアメリカを支配していたころ、スペイン人の来訪が始まる。アステカ文明は豊かな伝承を後世に残した。文字に記された記録、考古学上の遺物や遺跡、また来訪したヨーロッパ人の目撃談に裏づけられた記録などから、その範囲はこれまでの文明とは桁違いだったことがわかる。ただ、ヨーロッパ人はアステカの習慣に魅了はされたものの、その習慣を受け容れることはなかった。

よきトウガラシ売りと質《たち》のよくないトウガラシ売り

食事について言うなら、アステカの人々は享楽と節制という古くから言い伝えられてきたバランスある食事法を探究し、定期的な断食を行っていた。ヨーロッパ人の四旬節の断食のように、肉や甘い食べ物を控えるのではなく、彼らの断食はもっと徹底しており、塩やトウガラシといった料理に不可欠な調味料そのものを口にすることさえ拒んだ。調味料なしの料理は食べる喜びとはほど遠く、心が満たされるようなものではなかった。アステカ帝国に先行してこの地域に存在していた文明と同じように、アステカ人の食事にとって、トウガラシはなによりも大切な食材だった。しかし、このころになるとトウガラシは恐ろしいほど念入りに分類されるようになっており、その複雑さは分類学の父と称された植物学者リンネの徹底ぶりと通じるものがあった。

アステカ文明の農民の生活ぶりについて、それを知るうえで、フランシスコ会の修道士ベルナルディーノ・デ・サアグンが苦心して書き上げた民族誌に改めて感謝をしなくてはならない。『フィレンツェ・コデックス』の名で知られる現地の生活をまとめた概史は、新世界の話を切望していたスペイン国王のため、数十年の歳月をかけて執筆された。サアグンはアステカの人々と彼らの習俗を絵に起こし、その第一〇巻には、食物史において、とりわけ有名な食べ物売りとその品々に関する描写が掲載されている。

よきトウガラシ売りが売っているのは穏やかな辛さの赤いトウガラシ、実の大きなトウガラシ、辛くて青いトウガラシ、黄色のトウガラシ、キュイトラチリ、テンピルチリ、チイトアチリ。よきトウガラシ売りが売っているのはウォーターチリ、コンチリ。よきトウガラシ売りが売っているのは燻したトウガラシ、小さなトウガラシ、木のトウガラシ、肉の薄いトウガラシ、甲虫に似たトウガラシ、よきトウガラシ売りが売っているのは辛いトウガラシ、季節の最初のトウガラシ、実が凹んだトウガラシ。よきトウガラシ売りが売っているのは青いトウガラシ、先がとがった赤いトウガラシ、時期はずれのトウガラシ、アツィツィウアカン、トチミルコ、ワステペク、ミチョアカン、アナワク、ワステカ、チチメカのトウガラシ。そのほかにも紐でつないだトウガラシやオラ（胴が膨らんでいる調理用の壺）で料理されたトウガラシ、魚のトウガラシ料理、白身魚のトウガラシ料理を売っている。

このトウガラシの列挙には、ヨーロッパの市場で古くから商人に歌われてきた歌に通じる、なにやらまじないめいた雰囲気がある。さらにサアグンは、悪いトウガラシ売りについてもためらうことなく書き連ねている。いい加減なトウガラシ売りが売っているのは、〝太いだけで締まりのないトウガラシ〟と、不名誉なことこのうえない〝辛さを感じさせないトウガラシ〟で、そんなトウガラシを売っても恬《てん》として恥じない厚かましさを持ち合わせている。

質《たち》のよくないトウガラシ売りが売っているのは、くさいトウガラシ、酸っぱくなったトウガラシ、むかつくトウガラシ、売り物にならないトウガラシ、小さいままのトウガラシ、すかすかのトウガラシ。質のよくないトウガラシ売りが売っているのは、湿った土地で育ったトウガラシ、辛くないトウガラシ、味の抜けたトウガラシ、不格好なトウガラシ、ぶよぶよしたトウガラシ、熟していないトウガラシ、実を結んだばかりのトウガラシ(3)。

インカ建国神話のなかのトウガラシ

アステカのはるか南、南アメリカの内陸部に位置する高原地帯にあったインカ帝国は、当時、世界最大の帝国で、スペイン人による征服以前のアメリカ大陸で最も広大な版図を持つ国だった。記録された歴史がないため、インカ帝国の起源は不明だが、その歴史は現在のペルーにあるクスコ県に牧畜民として現れた十三世紀にまでさかのぼる。インカは文字通りの帝国で、支配した民族の構成はきわめて多彩だった。およそ一〇〇〇万人の人口を擁し、純粋なインカ人はそのうちわずか〇・二五パーセントにすぎなかった。

インカ文明が全盛期を迎えたのは一四三〇年代、遠征を繰り返して領土の拡大を図ったものの、一五二〇年以降、ピサロ兄弟に率いられたスペインの征服者によって、インカの文化は屈辱的な終焉を強いられた。皇帝やその後継者は次々に捕られて処刑され、一五九七年には最後の砦が陥落してインカ帝国は征服された。インカの人々はスペイン国王の臣下におとしめられ、戦争に駆り出されたり、銀山で苛酷な労働を強いられたりしたばかりか、無惨にも、ヨーロッパから持ち込まれた伝染病が急速に広まったことで絶滅へと向かっていった。

インカの食事は根菜や根茎作物が中心だった。なかでも何千種とある野生のジャガイモがもっぱら食べられていた。ペルーはジャガイモの原産地なのだ。肉や魚は冬の食べ物として風に当てて干したり、塩漬けにしたりして保存が図られていた。フリーズドライの元祖に当たる保存法が最も早くから行われていた。山間の村では、収穫を終えたばかりのジャガイモの上に布をかぶせ、朝になったら布の下のジャガイモを足で踏んで余分な水分を搾り出し、それから陽にさらして乾燥させていた。この作業を数日繰り返すことで、ジャガイモは軽量で非常に日持ちがする食べ物となり、遠征に向かう兵士の糧食としてまたとない食品に加工できた（スペイン語で「チューニョ」と呼ばれる保存食で、名前は南アメリカで話されるケチュア語に由来する）。

インカ帝国の食事を支えていたトウガラシは、カプシカム・バカタムとカプシカム・シネンセに属していた。オルメカやマヤ、アステカの人々と同じく、インカでもトウガラシは悪霊に対するお守り、病を癒やす薬として、さらに交易品としても使われていた。トウガラシはインカの建国神話でも重要な役割を担っている。その神話によると、世界が誕生したとき、地上に人を増やそうと、四人の兄弟と四人の姉妹が洞窟から姿を現した。兄弟のうちの一人はトウガラシを聖なる植物と考えていたので、アヤ・ウチュ（「アヤ」は兄弟、「ウチュ」はトウガラシ）という尊称で呼ばれていた。帝国の版図は南北に広がり、四つの気候帯にまたがっていたので、インカでは全土を通じて多種多様なトウガラシが栽培され、味付けする料理に多彩な辛味を添えていた。

アステカ人のように、インカでも塩断ち、トウガラシ断ちが定期的に行われていた。インカ帝国が存在する以前から、この地域では織物や陶器の意匠としてトウガラシが描かれていた。ペルー南部のナスカ人たちも、食物をモチーフにした文様で陶器を装飾している。そのひとつ、二つの注ぎ口がある瓶には、縞模様に彩色した六つの大ぶりなトウガラシが描かれている。紀元三世紀から六世紀ごろに作られたものらしい。

インカ王女を母親に持つ歴史家のガルシラーソ・デ・ラ・ベーガが一六〇九年に書いたインカの文化史には、インカの食事でウチュ（トウガラシ）がいかに広く使われていたのかが記されている。トウガラシ抜きではまともな料理は作れないと考えられていた。厳格な断食の際には、どのような形であれトウガラシを口にすることはいっさい禁じられていたが、しきたりではトウガラシは日々欠かさずに食べる食物であり、聖なる食べ物とされていたという。

ベーガは、十七世紀の読者に、当時インカで栽培されていた三種類のトウガラシについて書き残している（そのひとつについて、ラ・ベーガは名前を失念していた。最高級のトウガラシで、インカの王族の料理でしか使われなかった）。ひとつはロコト・ウチュ（肉厚のトウガラシ）で、カプシカム・バカタム種に属し、実は長く、サヤ豆のような果皮の厚いトウガラシである。もうひとつはチンチ・ウチュというサクランボ形をしたトウガラシで、現在、ロコトの名前で知られる品種と紛らわしいほどよく似ている。激しい辛さを持ち、三種のトウガラシのなかでは最も希少な品種だ。外観はまさに枝なりの丸いベリーで、カプシカム・プベッセンス種に属している。

インカ帝国は、コンキスタドールのフランシスコ・ピサロとその軍隊に対し、トウガラシを貢ぎ物として差し出し、植民地から根こそぎ奪おうとするスペイン人の懐柔を試みたが、それも無駄に終わったと、悲憤にかられてラ・ベーガは嘆いた。しかし、スペインに対してトウガラシが本当の勝利を果たすのは、この作物がヨーロッパに移植されてからであり、東方の伝統的な香辛料を使ったイベリア半島の洗練された料理のなかにあって、トウガラシが独自の地位を確立したときだった。

建国神話をめぐり、さらに示唆に富むのは、アヤ・ウチュが成人にいたる通過儀礼の中心的存在として位置づけられている点だ。アヤ・ウチュの石の神殿はワナカウリ山の頂上に立っており、成人期を迎えたころ、ここにのぼることはインカの青年たちの習わしだった。ある種の聖変化の物語として、この石の偶像は命を宿していると見なされていた。石像はコンドルのような翼を備えており、その翼で天に舞い上がって太陽と話を交わすと、地上に舞い戻り、ふたたび石の像となって次の世代を守護すると信じられていた。通過儀礼を終えて戻ってきた青年は、子供のような長い髪の毛を切り落とし、糸巻きのような形をした金色の耳飾りで装う。はじめての腰布が彼らに授けられ、これ以降、武器を帯びることが許される。

この神話の成り立ちに、トウガラシの超越性を見て取ることができるだろう。とくに空に上昇するという点に、トウガラシの舞い上がるような味覚的要素が重なる。その灼熱の辛さを裏づけているのは、形こそ違うが、同じように炎と活気をイメージさせる太陽というおなじみの神であり、この神が成人への移行に象徴的な役割の中心を担っていることがさらに記されている。学ぶことで身につく辛さという味覚を通じ、トウガラシが持つ炎を正しく評価することができるようになるのだ。また、インカでは、赤と黄色が聖なる色とされてきた。ロコトの実の多くは熟すと赤か黄色に変わる。

神々が口にする食べ物

数千年に及ぶ長い先コロンブス期において、トウガラシの味は、中央アメリカと南アメリカに暮らす先住民たちのあいだでしか知られていなかった。トウガラシは日々の食事の要であり、さまざまな種類の栽培種がすでに編み出され、その幅広い用途から、人々を魅了して敬愛を集めてきた。予防薬や治療薬として使われ、食品の保存と衛生にも役立ち、部族間の交易でやりとりされる必需品だったのである。神聖なる通貨として流通し、多くの地域で建国神話の象徴的な役割を担ってきた。トウガラシは貢納の品であり、名誉の品として授けられていたばかりか、限りある命の人間からすれば、神々が口にする食べ物でもあった（ある種のトウガラシに限って、少なくとも特権階級はそんな考えを抱いていた）。正しき心をもって差し出せば、遠くからきた白い肌の見知らぬ者たちの敵意さえ、トウガラシなら鎮められるかもしれなかったのである。

征服の使命を帯び、さいはての異国から南北アメリカ大陸に到着したコンキスタドールたちの望みは、この大陸の土地と富と同時に香辛料を手に入れることにあった。興味深いのは、コンキスタドールたちが、アメリカ大陸原産のトウガラシと同じ特質を、東洋の香辛料にも認めていた点だ。アジアの香辛料には、美食の喜びだけではなく、薬理的な作用があって保存料として使えるばかりか、媚薬の効果もあると彼らは考えていた。香辛料は莫大な利益をもたらす商業経済を支え、異なる民族と伝統とのあいだに変わることのない文化のつながりを生み出す。

だが、スペイン人は、トウガラシに備わる聖なる要素をまったく認めようとしなかった。この聖性の欠落に、先住民に対するスペイン人の優越感が結びついた。目にした先住民は暗愚な未開人であり、それに対して自分たちは生まれながらにして優れているという揺るぎない信念である。果てしのない暴虐と略奪にますます拍車がかっていった。こうして、トウガラシが帯びていた聖性は、さらに広い世界でとことん剝ぎ取られていくことになってしまったのである。

第4章◉三隻の船がやってきた——コロンブスの到来

トウガラシが「ペッパー」と呼ばれるわけ

一四九二年八月、クリストファー・コロンブスが指揮する三隻の船は、スペインのパロス・デ・ラ・フロンテーラを出港した。スペイン国王から一行に課された使命は、インドと東洋の富へと最短で行ける西回りの航路の発見だった。反対の東回りですでにアフリカまで航行をしていたので、インドにはかならずたどりつけるとスペイン人は信じて疑わなかった。その結果、現在でもいまだ彼らの誤解に基づく名称が使われ、カリブ海諸島は西インド諸島と呼ばれ、さらに、彼らが新大陸で遭遇した先住民らは、外の世界の者たちから、何世代にもわたってインディアンとして広く受け入れられてきた。

第一回の航海では、現在のバハマ諸島、タークス・カイコス諸島へと進み、それからキューバ島、イスパニョーラ島（ハイチ共和国とドミニカ共和国）など、大アンティル諸島の島々をそつなくたどってコロンブスは船を進めたのち、一四九三年一月に帰路についた。この冒険の旅を通じ、乗組員は平和を愛する島民たちと出会った。そのなかにはコロンブスが信頼し、三九人の部下を託してここに住まわせる約束を交わした族長もいたほどである。場所はハイチの北部沿岸のラ・ナビダードで、短い期間だったが、新世界における初の白人入植地となった。地元の人々との出会いだけではなく、コンキスタドール（征服者）たちは、彼らが口にする食物にも出合っていた。

大西洋を東に進んでスペインに戻る旅は、往路よりも海が荒れて難渋した。帰港したコロンブスは、出資者であるスペイン王フェルナンド二世と女王イサベル一世に、厳選のうえ連れてきた先住民を引き合わせている。故郷の地を離れ、世界というものをはじめて目にした先住民は、この長旅をなんとか生き抜いた者たちで、少なくとも八人いたという。

コロンブスは、彼らが食べていた食物もいくつか披露している。そのなかに、ガジーナ・デ・ラ・ティエラという特徴的な姿をした家禽がいた（名前は「大地の雞」という意味で、のちに先住民の言葉から、「ターキー」（七面鳥）の名前で世界的に知られるようになる）。果物もあった。トゲに覆われた大きな果物で、甘くて汁気が多く、果肉は黄金色をしていた。パイナップルである。サツマイモもあった。のちにトウモロコシとして知られる見慣れない穀物の種子もおそらくあったはずである。その後、華々しく開花するのが煙草の葉だった。葉を燃やして煙を吸引する作法が知られるようになると、世界各地に広がっていく。しかし、あるはずのものがなかった。香辛料である。

大きな誤算だった。この航海の目的は、これまで以上に交易の利益をもたらす、アジアの中心地にいたる新たな航路の開拓にあった。アジアにはコショウやクローヴ、シナモン、ショウガなど、収益の大きな換金作物があり、世界で最も価値がある輸入貿易が約束されていた。だが、新世界にはこうした作物がなかった。その後の航海で、コロンブスはアジアのものよりいささか苦い風味のシナモンとショウガを発見しているが、それはコロンブスの勘違いだった（残念なことに、コロンブスがシナモンだと思ったものはありきたりの木の皮で、ショウガは正体不明の野菜の根茎だったのだろう）。

しかし、新大陸にはそれに代わって広く食べられている香辛料があった。「当地にはアヒが豊富にあり、アヒは先住民にとってコショウのようなものである」とコロンブスは航海日誌に書いている。「アヒは黒コショウよりも貴重で、誰もが食べており、体にもよいものだ」

大西洋諸島西部の島々に暮らすタイノ族やアラワク族の人々は、トウガラシを「アヒ」と呼んでいた。実際、原産地であることから、南アメリカではいまでも広範な地域でトウガラシのことをアヒと呼んでいる。だが、遠く離れた島にある前コロンブス期の遺跡にトウガラシはどうやって運ばれたのだろうか。舟で渡ってきた者によって持ち込まれたのか、あるいは空を飛ぶ鳥の排泄物に混じって種が運ばれたのか。正確なところはよくわからないが、トウガラシについてコロンブスが書いたこの一文には二つの点で見逃せないくだりがある。

ひとつは、コロンブスがトウガラシをコショウ《ペッパー》の一種だと思い込んでいた点である。そのせいで、トウガラシに関するヨーロッパの語法に不正確な用語が加わり、誤った使い方はその後何世紀にもわたって続く。もうひとつは、トウガラシに潜在的な金銭価値を授けた点である。どうやら、ヨーロッパの貿易商人たちに、東アジアの香辛料貿易と同じように、トウガラシでもひと財産できるかもしれないという思いを抱かせるようになった。本書でこれから紹介するように、トウガラシは確かにヨーロッパの食事に欠かせないものとなり、のちには世界中で食べられるようになるが、そればかりか世界経済に千金の価値をもたらす見事な大黒柱へと変貌していく。

スペイン人征服者へのトウガラシ爆弾

トウガラシは単なる食物でもなかった。ヨーロッパ人が、トウガラシの別の使い方をはじめて思い知らされたのは、タイノ族の人々がラ・イサベラのスペイン人の砦を攻め立てたときだったのかもしれない。このときコロンブスはすでに帰路につき、スペインへと向かっていた。一回目の航海で建てたラ・ナビダードの砦は、建設から一年もたたないうちに灰燼に帰した。おそらく、入植者たちのあまりにも無礼な扱いに怒った先住民が反旗を翻した結果だったのだろう。

第二回の航海で新大陸に渡ったコロンブスは、一四九四年早々、二番目の居留地を設置した。場所はラ・ナビダードからさらに東よりの海岸沿いで、スペイン女王にちなんでラ・イサベラと名づけられた。砦は二階建てで、砦のなかでは二〇〇ほどの小さなテントを張って入植者たちは野営をしていた。コロンブスがふたたび極東への虚しい航海に出て不在になると、砦の統率はもろくも破綻して手がつけられなくなり、入植者たちは先住民が蓄える食料を強奪して日々の命をつないだ。こうして先住民との全面戦争が始まる。

スペインの砦を襲撃するために、タイノ族の四部族は同盟を結んだ。だが、入植者たちは殺傷力の高い鉄の剣を携え、先住民には金属製の武器はない。そこで彼らが用いたのが化学兵器の元祖のような武器で、挽いて粉にしたトウガラシと灰を混ぜたものをヒョウタンに詰め、スペイン人に投げつけたのだ。砦を守るスペイン人のあいだでトウガラシ爆弾が炸裂すると、灰に乗ってトウガラシの粉末は宙に舞い上がり、毒々しい粉塵となってスペイン人に襲いかかった。目に入ったトウガラシはスペイン人の目をさいなんで視界を奪い、喉を詰まらせた。一方、混乱に乗じて砦に押し入ったタノイ族の顔は、防毒マスクとして布で覆われていた。このあとは当たるを幸いにとばかりに、スペイン人を平らげていった。

「香辛料」と「楽園」のイメージ

ディエゴ・アルバレス・チャンカは、コロンブスに任じられて一四九三年の二回目の航海に医者として同行した。帰国後、チャンカはトウガラシが普及するうえで、最も重要な伝道者となる。航海の翌年、宮廷に提出するために書かれた記録文書のなかで、チャンカは西インド諸島のさまざまな部族の主だった食べ物を列記している。サントドミンゴ（イスパニョーラ島）でカウマナと呼ばれるの木を見たチャンカは、この木をナツメグの一種だと考えた。ヤブニッケイをナツメグだと勘違いしたようだ。部族の男性が首に飾っている少ししなびた根ショウガ。木から落ちて腐りかけた黄色いパラダイスプラム。パームナッツの名前が記されていた。トウモロコシの名前もある。島民はトウモロコシでパンのようなものを作っていた。「アゲ」と呼ばれる塊茎があった（ユッカもしくはサツマイモかもしれない）。

そして最後に、チャンカはいちばん重要な食べ物を記していた。アゲをはじめ、多くの食べ物に欠かせない調味料である。「食べ物に風味を加えるため、彼らはアヒと呼ばれる野菜を使っていた。アヒは魚やたいへんな思いをして捕まえた鳥の肉に辛味を添えるためにも使われていたが、島には数え切れないほどたくさんの種類のアヒがあった(1)」。この記述は、アヒとして地元で知られたトウガラシが、いかになじみの食べ物で、いかに多様な用途で使われていたのかを示した最初の記録だった。

船乗りたちも、現地の食物は口にしてみたいと考えたはずだが、虫を食べると思っただけでも本能的に腰が引けてしまい、濁って泡だらけのチョコレートドリンクは泥のように思えた。また、煮る前の目玉がだらりと垂れ下がった魚を見ては、とてもではないが口にしたいとは誰も思わなかった。そもそも船乗りたちの好奇心は、手ひどいしっぺ返しを食らう場合が少なくなかった。見た目はなんの変哲もないマンチニールの木の実の毒についてもまったく知識がなかった（この木はリンゴによく似た実をつける。現在では「死のリンゴ」とそのものずばりの名前で知られる）。この木の実についてはチャンカも記録している。「かずかずの野生の果物があった。何人かが口にしたが、あまりにも不用意すぎた。舌に触れたその瞬間、彼らの顔は真っ赤になった。そのあと高熱と激痛に見舞われて、狂ったようにうなされていた。体を冷やして手当をするほかなかった[2]」

一度食べてしまえば、どんな味か人に教えることもできるだろう。同じようにトウガラシも、はじめての辛さがどれほどまがまがしいものかは知る手立てもなかった。かりに、三〇～四〇年後にはスペインでも肉や魚料理に辛味を添える材料として、トウガラシはさかんに使われるようになると船乗りたちに話して聞かせたとしても、聞かされたほうは、国のみんなは気が触れてしまい、国中がひっくり返ったのだと思うだけである。

トウガラシが先住民の食事にどれだけ欠かせないか、コロンブスはすでに気づいていた。しかし、コロンブスは香辛料市場の従来からの考え方にとらわれず、どこにでも生えているからといって、商品としてのトウガラシの希少価値が劣るとは考えていなかった。第一回の航海でコロンブスは、「現地のインディアンが香辛料として用いているコショウ《ペッパー》は、黒コショウやメレゲッタ・ペッパーよりも量は豊富で価値も高い」と書いている。以来、辛味を帯びたものはコショウ《ペッパー》だという断固とした考えがヨーロッパの生物分類の命名に根づくことになるが、トウガラシは黒コショウ（ピパー・ニグラム）やメレゲッタ（アフラモムム・メレグエタ）とは植物学上のつながりはない。

メレゲッタは鮮紅色をした果実の種子で、ピリッとした辛味があり、一般にはグレインズ・オブ・パラダイスの名前で知られ、現在では専門のデリカテッセンで扱われている。他の香辛料に比べ、とくに催淫効果に優れていると考えられていた。原産地は西アフリカで、ホップのようにつるをからませながら成長する。十五世紀中頃、ポルトガルの貿易商人によってヨーロッパにはじめて持ち込まれると、ただちに海上貿易の品目のひとつになった。陸路でも運ばれ、隊商はサハラ砂漠を横切り、アフリカの黄金と奴隷を運ぶルートにしたがってヨーロッパに向かった。コロンブスが航海に乗り出していった時代、ヨーロッパの市場では、「黒い黄金」として知られたインドの黒コショウより、価値はメレゲッタのほうがはるかに高かった。

流通ルートが苛酷なものであったにせよ、こうした香辛料が楽園《パラダイス》のイメージ——異世界の謎に満ちた、いにしえの象徴的な土地——を帯びていたのは、香辛料貿易がエキゾチックであると思い込まれていたからだ。香辛料の歴史を研究するジャック・ターナーは、「何世紀にもわたり香辛料と楽園は、分かちがたいあるイメージでひとつに結びついてきたが、その結びつきは、それが誤りだと証明できないことで永らえることができた(3)」と記している。アジアから長々と続く香辛料貿易の道は、すでに段階的に開拓されていた。先に足を踏み入れた商人のあとをたどるだけではなく、仲介者からも道筋の情報が得られた。

ただ、商人にとって香辛料の原産地は謎のままで、ヨーロッパの市場で香辛料を買い求める者にとっても皆目見当がつかなかった。それだけに、カリブ海のトウガラシがメレゲッタよりも、はるかに価値ある輸入品になるかもしれないという事実は、あまりにも大きな期待を抱かせることになった(ますます混乱させてしまいそうだが、ブラジル産のカプシカム・フルテッセンス種のトウガラシで、マラゲータ(85ページ参照)の名前で知られる品種はあくまでもトウガラシであり、メレゲッタとは植物学上の関係はまったくない)。

チャンカを医者として伴った二回目のカリブ海諸島への航海でも、コロンブスは航海日誌にトウガラシについて書いていた。「このような島々にはバラの木のような茂みがあり、シナモンと同じ大きさの実をつける。実のなかには種が詰まっており、種はコショウのように辛い。私たちがリンゴを食べるようにして、カリブ族やインド人はこの果実を食べている」。こうしてヨーロッパ人は、種の部分がいちばん辛いというトウガラシの誤解にはじめて遭遇した。しかし、コロンブスがコショウと比べている点を踏まえると、コロンブス自身はトウガラシを、コショウの一種としてもはや考えていないことがうかがえる。トウガラシの実がそのまま食べられている点も興味をそそる。メレゲッタは、果実から種子を取り出して作られる。一方、トウガラシのほうは実のまま食べられている。物見高いコロンブスには、きわめて風変わりな食べ方だと思えた。

ところで、一四九三年九月の航海日誌の内容は、後年、ピエトロ・マルティーレ・ダンギエーラが著した『デ・オルベ・ノヴォ』（「新世界について」の意）という簡潔な民族誌に転載される。ダンギエーラはスペイン宮廷で若い貴族の教育を担当していたイタリアの歴史家で、コロンブスの第一回目の航海に乗り組んだ船員からたんねんに話を聞き取り、カリブ海の島々の香辛料の種類について驚くほど正確な分類をまとめた。「島々や大陸に集められるものもコショウ《ペッパー》と呼べるかもしれない。実際、それらはコショウではなかった点を除けば、コショウと変わらない力強さと風味を持ち、コショウと変わらない価値がある。土地の者はこれを『アクシィ』と呼んでおり、成長するとケシより大きくなる。アクシィを使えば、コーカサスのコショウは必要なくなる(4)」

このコショウもどきの香辛料が、ヨーロッパの潜在的な顧客のあいだで目をかけられるようになると、新しく登場した食べ物によく見られるように、薬としての効能がもっぱら喧伝されるようになった。一五七〇年代、スペインのある医師はトウガラシについて次のように絶賛した。「これによって体はきわめて楽になる。呼吸を和らげ、胸部を病む者や冷え性の者に効果がある。多くの者の病を癒してくつろがせ、強壮な体にしてくれる」

スペイン人とポルトガル人の世界分割

大西洋航路を定期的に横断して、植民地開拓と征服に精を出していたのはスペインだけではない。イベリア半島の隣国ポルトガルも、当時、世界有数の海洋国家のひとつで、イベリア半島西端という地の利を得て、こぢんまりとした国土だったにもかかわらず、大きな影響力を持っていた。一四九四年、スペインとのあいだでトルデシリャス条約を締結、いわゆる新世界の領土の取り分をめぐって合意を交わした。

トルデシリャス・メリディアンの名で知られる子午線が南アメリカの地図に引かれ、この線に沿って東側の土地はポルトガルに与えられ、事実上、ポルトガル領よりもはるかに広大な土地がスペイン領だと取り決められた。実際のところ、条約は遵守されるより破られることのほうが多く、さらに最新の地図を誰が描くかでこの線は西や東に動いた。しかし、スペインとポルトガルの両国とも、この条約によって、ヨーロッパの向こうにある資源の収奪をめぐり、国際的な紛争が回避できる点は大いに評価していた。

一五〇〇年、ポルトガルの航海者ペドロ・アルヴァレス・カブラルは大遠征を行い、現在のブラジルに上陸すると、ポルトガル国王マヌエル一世に代わって領有を宣言した。ポルトガルが世界帝国として拡大していくことで、この国が西アフリカに領有する植民地は、新たな領土に結びつけられる宿命を負う。現地の人間を使って行われた新領土の大農園の作業が遅れると、その穴埋めとしてアフリカの黒人が労働者として強制的に送りこまれるようになったのだ。今日、私たちが奴隷貿易として知る、人類に対する数世紀に及ぶ犯罪の基盤がこうして築かれていった。

最も集約的に栽培されていた作物が砂糖キビだった。本国ポルトガルの舌の肥えた者たちのあいだで砂糖が野火のような勢いで大流行し、甘味への欲求を満たそうと産業規模での栽培が行われていた。スペイン人がはるか北のカリブ海で遭遇したように、ポルトガル人はブラジルの先住民たちの食事を通じてトウガラシを頻繁に目にしていたが、スペイン人がそうだったように、彼らも当初はこの食物が何かはよくわからなかった。コロンブス同様、ポルトガル人も母国に持ち帰ったが、海外から到来した最初のトウガラシは、スペイン経由でもたらされた可能性がきわめて高い。

資料を踏まえると、スペインでもポルトガルでも、トウガラシは当初、植物学上の興味から栽培され、美食という本来の目的のためではなかった。しかし、探検家たち、ついで入植者たちが食べるようになると、最後には原産地と同じように、トウガラシはまぎれもない美食の食材として認められるようになった。歴史家のリジー・コリンガムが書いているように、「スペイン人はトウガラシを黒コショウとまったく同じ流儀で使った。トウガラシで豚肉に風味を添え、イベリア料理ならではのスパイスが利いた豚肉料理を編み出した。メキシコでは、この国の西部で産するトルカヴァレーの香り高い豚肉とトウガラシがひとつになり、本場のスペイン産に匹敵するメキシコのチョリソーソーセージが誕生したといわれる(5)」

いったん受け入れられると、食べ物としてのトウガラシの価値はたちまち認められた。スペインの旅行家で歴史家のゴンサーロ・フェルナンデス・デ・オヴィエド・イ・ヴァルデスは、一五三五年に書かれた名著『インディオの一般史と自然史』のなかで、スペインとイタリアでは、トウガラシは調味料として頻繁に用いられていると記し、さらに寒い冬の月日にトウガラシを食することはとりわけ健康によく、そればかりか、肉や魚の味付けには、従来のインド産の黒コショウに比べてもまさっているとすでに書き残している。

やがてトウガラシはポルトガル料理にも取り込まれていった。マリネされた辛いピリピリである。ピリピリソースのないポルトガル料理などいまでは想像できないほどだ。とはいえ、その普及は想像する以上に遠回りの道をたどってきた。スペインの船がイベリア半島への帰港あるいは出港の際、寄港地としてたびたび碇泊していたのがリスボンで、その結果、リスボンではスペインとポルトガル双方の食文化において、トウガラシが不可欠のものとして使われるようになっていった。こうしたポルトガル人のおかげで、トウガラシはトウモロコシとともに、徐々にヨーロッパに普及していったのだろう。

コショウの歴史を研究するジーン・アンドリュースの話では、トウガラシは当初、大西洋中部に位置するアゾレス諸島やマディラ諸島（いずれもポルトガル領の島だが、行政区として自治権を持っている）、西アフリカ沖合のカーボベルデ、国際的な植民地だった黄金海岸に位置する現在のギニア、さらにそこから南にくだったアンゴラで栽培されるようになっていったらしい。こうした段階的な伝播は、十五世紀後半にポルトガルの貿易商が無名のスペイン人から種子を得たことで始まったとアンドリュースは言う。そうでなければ、スペイン国内で手に入れた種子かもしれないし、あるいは警備もまれな南北アメリカ大陸のスパニッシュ・メイン〔カリブ海沿岸のスペイン領〕で入手した種子だった可能性も考えられる。スペインが巡視していたこうした領土は、トルデシリャス条約に基づき、ポルトガル人が足を踏み入れることは建前として禁じられていた。しかし、たいていの場合、ポルトガル人が立ち入っても。彼らを押しとどめるスペインの役人はいなかった。

トウガラシが普及していくうえで決め手となったのは、スペインの貴族たちとは違い、ポルトガルでは園芸術に秀でた高貴な身分の者が、トウガラシの栽培を楽しんでいたからである。スペインの上流階級では、土いじりなど卑しい身分の者の生業と見なされていた。

時代が十六世紀への変わり目を迎えたころ、世界中に触手のように張り巡らされたポルトガルの海上貿易を通じ、トウガラシはアフリカとアジアの食文化に伝えられ、瞬く間に現地に根づくとともに、その土地の食事のあり方を根本から変えていた。ヨーロッパでは、食べる者を虜《とりこ》にすることで、日々の食事の名脇役としての地位を得ていった。隠し味の香辛料として使われながら、トウガラシ特有の複雑な持ち味をさらに発揮していった。一方、アフリカとアジアの料理——とりわけアジア——においては、トウガラシはこれ抜きの料理など考えられないという存在になっていった。

その地位は、この万能の食物がどのような環境のもとでも生育する適応能力に負っていた。世界の各地でさまざまな種種のトウガラシが生み出される。移植が容易だったばかりか、コショウやショウガのように香辛料貿易を通じて法外な価格で取引されることはなかった。そのおかげで、ついには人類の四分の一もの人間がトウガラシを受け入れるようになっていく。

第5章◉トウガラシが来た道——アフリカ、アジアに渡ったトウガラシ

トウガラシの普及と奴隷貿易

十六世紀早々に起きたコロンブス交換の時期は、まさしくグローバリゼーションの起源となる時代だった。これまでにない食材——トマト、ジャガイモ、サツマイモ、トウモロコシ、豆、落花生、パイナップル、チョコレート、そしてトウガラシ——が南北アメリカ大陸からヨーロッパに流れ込んだ一方で、ヨーロッパからは牛や羊、豚、山羊などの家畜が新世界に伝えられた。

有益な様式の交換というこの現象は、イベリア半島の貿易国、のちには他のヨーロッパ諸国が植民地や交易ルートを確立するために商業的な交流を深めていき、南はアフリカ、東は中東や中央アジアに進出していくことでいよいよ拡大していった。旧世界ヨーロッパの中心地では、料理もまた厳密な身分階級に準じており、ごく初期のころに持ち込まれた新たな食物を味わえたのは、社会の上流階級に限られていた。トウガラシは、そうした地域から別の世界に持ち出されたからこそ、世界中に伝播してゆくことができたのである。

トウガラシの普及は、とりわけアフリカにおいて速かった——すでに一五〇〇年代早々の時点で、相当量のトウガラシが輸入されていた——が、それには奴隷貿易がいやおうなく関係していた。ポルトガルの奴隷商人は、奴隷の代金の一部をトウガラシで払っていたのである。この事実から、トウガ

ラシが普及した初期のころから、この食べ物は地元経済における日常品になっていたことが明らかにうかがえる。

広大なアフリカにトウガラシが普及していった経緯には、まれに見るほど狡猾な策略がかかわっていた。奴隷商人は、同じ部族の同じ集落で暮らす黒人を一度に捕らえると、彼らが船内で反乱を起こすリスクが高まることを経験的に知っていた。このリスクを避けるため、奴隷商人は自分の支配が及ぶアフリカ大陸の各地から黒人を買い集めた。言葉や習俗が異なる各部族の黒人を集めて奴隷船に乗せていたのは、こうすれば黒人が結託したり、反乱をくわだてたりするのを抑え込めたからである。この策略のもとで、西アフリカ沖合のカーボベルデの島々と大陸の反対側、南東部に位置する現在のモザンビークが海路で結びついていった。十六世紀末ごろには、奴隷商人がトウガラシを携えてはるか遠くの土地にまで足を伸ばしたことで、トウガラシはアフリカ大陸全域で広まっていった。

大陸内部の陸路の交易ルートでもトウガラシは運ばれていたが、普及のすみやかさという点では奴隷貿易のほうがはるかにまさっていた。実際、数世紀にわたって続いた奴隷貿易において、やがてアフリカ人の手になる新しいトウガラシ料理が、逆にカリブ海や南アメリカのプランテーションに持ち込まれていった。こうした逆転の交換がひとたびしっかり根づいてしまうと、トウガラシはアフリカから渡ってきたという話どころか、実際はどこを原産地としていたのか、はっきり思い出せる者などほとんどいなくなっていた。

そもそも西アフリカでトウガラシが食べられるようになった背景には、舌を強く刺激する辛い食物が土地の料理としてすでにあったという事実がかかわっていた。「アフリカの料理は地元のギニアショウガ（グレインズ・オブ・パラダイス）を使ったもともと辛い料理だった」と記すのはフードライターのアンジェラ・ガルベスで、「トウガラシはむしろ熱狂的に受け入れられたことに疑問の余地はない」(1)と書いている。大西洋をまたいだ奴隷貿易で大英帝国が無敵の覇者として君臨した十七世紀後半と十八世紀、このころになるとトウガラシはアフリカ大陸の主要な食べ物となり、奴隷商人たちは、航海の必需品のなかでも欠かせない食材として、トウガラシがまちがいなく補給されているかどうかを確認していた。

大航海時代のトウガラシ

奴隷貿易を通じて、カプシカム・アニューム種とカプシカム・フルテッセンス種のトウガラシはアフリカに広まり、またカプシカム・シネンセ種のトウガラシも同様に普及していったことが考えられる。さらにトウガラシのアフリカでの普及は、奴隷貿易ほど暴力的ではない交易にも負っていた。十六世紀になり、スペインとポルトガルの遠征は西アフリカの内陸部へと進み、コンゴ盆地へと南にくだっていった。交易品、あるいは布教活動の必需品、入植地で植えるお決まりの作物として、彼らは丸のままのトウガラシの実や種子を現地に持ち込んだ。この地域の周辺部への普及は十七世紀になってからで、イギリスやオランダ、フランスの入植者たちが、植物園で実験用あるいは鑑賞用として栽培されていたトウガラシを持ち込んでいった。トウガラシは中央アメリカや南アメリカの灼熱の気候に由来する植物だと知っていたので、焼けるように熱いアフリカでも繁殖すると彼らは考えていた。

アフリカでは二種のトウガラシが広く栽培されるようになった。カプシカム・アニューム種に属するトウガラシは野菜として栽培されることが多く、カプシカム・フルテッセンス種のトウガラシは、味付けや料理に添える香辛料として栽培されていた。各種あるアフリカのホットソースは、大陸の多くの土地で、頼りになる調味料としていまも料理に風味を添えている。ハバネロがよく使われているが、トウガラシの辛さを目いっぱい堪能しようと、多くの料理で使われているのがスコッチ・ボネット、バードアイ、サヴィナである。とくにハバネロの亜種である赤い実のサヴィナは尋常ではない辛さだ。

アフリカでは、つぶしたトウガラシの実を、トマトや玉ネギ、ニンニク、塩、コショウ、ハーブ（マジョラム、バジル、ベイリーフ、パセリ）やほかの香辛料（ショウガ、コリアンダーの種子の粉末、パプリカ）などといっしょに油で合わせる。トウガラシの歴史を踏まえていうなら、これはポルトガルのピリピリソースのアフリカ版だ。また、アフリカでは地域によって、バードアイを使ったものが、「ピリピリ」もしくは「ペリペリ」（「ペッパー・ペッパー」の意味で、スワヒリ語などの、アフリカ南部と東部のバントゥー語群で話されている）の名前で知られているところもある。(2)

地球規模の貿易をめぐる物語の開幕は、各方面にいたる航路の多くが、時を移さず一挙に開拓された点を特徴とする。十六世紀から十七世紀にかけ、スペインとポルトガルの商船によって大西洋と太平洋を横断する新航路が発見されると、南北アメリカ大陸やカリブ海をはじめ、大西洋や太平洋の島々の沿岸に建設された町やプランテーションに向けて、入植者や宣教師、略奪者などありとあらゆる種類の人間が運び込まれていった。

ポルトガルの航海者ヴァスコ・ダ・ガマが香辛料を求める旅に船出したのが一四九七年、アフリカ大陸南端の喜望峰を通過するとインド洋を北上、ホルムズ海峡を経由してペルシャ湾へといたる航路を発見した。一五一〇年にはインド西岸にあるゴア州がポルトガルの前哨地になると、ポルトガルはさらに東進を続けてマレー半島沿岸のマラッカに到達した。マラッカへの航路はばくだいな富をもたらし、モルッカ諸島や東インドネシアといった香料諸島《スパイス・アイランズ》のナツメグやクローヴはここを通過してヨーロッパに運ばれていった。ポルトガルはさらに、中国南部の拠点マカオにまで進出した。

ポルトガルとは逆に、西進して太平洋を進んだスペインの征服者は、フィリピンを領有すると、一五七一年にはマニラをスペイン帝国の東方の首府とした。さらに太平洋を横断してアメリカ大陸——メキシコ、パナマ、征服したペルーのインカ帝国の領地——と極東のあいだに、危険ではあるが交易と往来で活況を呈するようになる航路を樹立した。

スペイン人がメキシコで出合った、トウガラシなどの香辛料を乳鉢で挽くアステカ人の作法は、その後、この地に住みついた入植者やクリオーロと呼ばれた現地生まれの白人に取り込まれていった。肉を煮込んだモーレソースのベースは、メタテ（石皿）の上でつぶされた食材である。先住民のプエブロ族が食べていた、モーレ・ポブラーノというトウガラシとチョコレートを合わせたモーレは、クリオーロの標準的なソースとなった。

蒸した鶏肉に伝統的に添えられてきたメスティーソというソースは、トマトをベースにして、トウガラシとニンニク、コリアンダーで作られている。「メスティーソ」という言葉が混血を意味するように、この料理には、地元が原産のトマトとトウガラシとともに、ヨーロッパ料理とイスラム料理の食材が使われているからである。メスティーソで食べる鶏肉もまた、ヨーロッパから新世界に持ち込まれた新たな食事習慣だった。

こうしたソースはフィリピンのスペイン人入植地にも伝わったものの、トウガラシの風味を最も生かした使い方がすぐに受け入れられたわけではなかった。食物史を研究するレイチェル・ローダンによると、「乾燥トウガラシを水で戻し、果肉を切り取って裏ごしにしてソースを作るような調理法は、

（おそらく北アフリカを除けば）ほとんどの地域で用いられなかった。トウガラシ特有の色や食感、果物のような味わいのせいで、こうしたソースを使った料理はあまり好まれなかったのだ[3]」という。

インドが原産地だという誤解

ポルトガル領インドの首府ゴアでは、一五二〇年の時点で、少なくとも三種類のトウガラシが栽培されていた。ゴアにはリスボンを経由してブラジルからトウガラシが持ち込まれた。土地の食習慣にポルトガル人がもたらした影響は、劇的でありながら、現地にしっかりと根づいていった。インドで平らなパンが焼かれるようになったのは、ヨーロッパの発酵技術に負っている。また、ポルトガル人が母国から持ち込んだ料理も地元の条件に合わせて取り入れられていき、オリーブオイルの代わりにゴマ油が使われ、グリーンオリーブは酢漬けのグリーンマンゴー、アーモンドミルクの代わりにココナッツミルクが用いられるようになった。

ポルトガルの伝統的な肉料理カルネ・デ・ヴィーニャ・ダリョス――豚肉をニンニクとともにワインビネガーに漬けた料理――の激しい辛さはトウガラシに負っており、あらかじめ粉末にしてからビネガーに漬けられることが多い。この料理がゴアのヴィンダルー〔ゴア発祥のカレー料理〕になった。そもそも船乗りたちがよく作っていた料理で、樽詰めの肉と赤ワインもしくはワインビネガーに漬けて戻した乾燥ニンニクが使われていた。ゴアではヤシの酢が代わりに使われ、辛さを引き立てるために地元の香辛料がさらに加えられたが、料理の変わらないベースとして粉末の赤トウガラシが使われていた。

ヴィンダルーはたちまち受け入れられ、今日では世界中のインド料理店でトウガラシ料理の定番メニューになっているだけに、トウガラシは西インド諸島の原産と考えることをますます遠ざけることになってしまった。だが、ヴィンダルーならではのはっきりした辛さに欠かせないトウガラシは、そもそもヨーロッパ人がアメリカ大陸という遠隔地からはるばるインドにもたらしたものなのだ。一家で食べる分量のヴィンダルーには、少なくとも一〇個から二〇個のトウガラシが入っているのが普通だ。トウガラシ油が料理に移るよう、果実は縦に裂かれている。さすがのインドでもこの量はかなり辛いと思われており、最近の料理書などでは、ゲストにふるまう際には、調理に先立ってどの程度の辛さが好みなのか、確認しておくことが勧められている。

ゴアで昔から「ペルナンブーコ・ペッパー」と呼ばれていたトウガラシの名前は、ブラジルにあったポルトガルの前哨地ペルナンブーコに由来していた。インド亜大陸の郷土料理の食材に取り込まれると、このトウガラシはあっという間に地元の黒コショウに取って代わった。コショウに替わるはるかに強烈な食材を、かねてからインド料理は待ちかねていたという印象である。トウガラシを取り入れたことは、黒コショウとトウガラシを意味する現地の言葉がよく似ている点にも現れており、その点ではヨーロッパの言語がためらいなくこのふたつを混同した状況とよく似ている。

ヒンディー語でコショウとトウガラシはそれぞれ、「カリーミルチ」と「ハリーミルチ」、タミル語では「ミラグ」と「ミラガイ」という。タミル語の「ミラガイ」は「胡椒果実《ペッパー・フルーツ》」を意味する言葉を短くしたものだ。インド人はトウガラシを果物の形をした、とても辛いコショウだと考えていたのだ。つる性の黒コショウの生育地はインド南西部の沿岸部ケーララに限られていたが、トウガラシは土地を選ばず、どこの土地でもすくすくと育った。もちろん、黒コショウはインド料理を代表する辛い香辛料という役割を担っていたが、十六世紀になるとその立場も覆され、やがて地元のインド人でさえ、トウガラシはこの土地に昔からある食材だと考えるまでになった。

　トウガラシのこうした変化がインド料理で起きたのは、トウガラシの味わいが主な理由だったというわけではなく、経済的な理由も関係していた。はっきり言ってしまえば、トウガラシは手間もかからず、金をあまりかけずに栽培できたからであり、十六世紀になるとインドの農業では、黒コショウやその近縁種の長コショウ《ロング・ペッパー》（ヒハツ）の栽培を上回るようになり、貧者にとっては重宝このうえない食べ物という評判をたちまち得ていた。トウガラシはこれまでにない、焼けつくような辛味と複雑さを料理に加えたばかりか、コショウの実に比べ、栄養面でも優れている点が高く買われていた。一五四〇年代、ヨーロッパの植物学者によるインドの植物相全般の調査が始まった。調査は自生種と栽培種の双方に及んだ。トウガラシはすでに広範な地域で栽培されており、トウガラシはインドを原産地とする植物だと再三にわたって考えられるまでになっていた。

　ポルトガルがゴアを支配した翌年の一五一一年、ポルトガルは東南アジアの王国アユタヤに外交使者を送った。アユタヤは現在のタイである。それからわずか二〜三年のうちに、両地域のあいだで全面的な交易が始まっている。おそらく、はじめて訪れたとき、ポルトガル人はトウガラシをタイの人々に授けたのだろう。インドがそうだったように、タイでもトウガラシは瞬く間に定着した。ここでも貧者の貴重な食べ物となり、王国中でトウガラシを使った多彩な料理が次々に誕生した。

タイのチリソース

　インドでは、トウガラシをミックススパイスにブレンドし、時間と手間をじっくりかけて料理を作っているが、タイでは調味料や小皿料理のベースの食材として使われている。トウガラシを使ったレリッシュは一般にナムプリック――ナムプラー（魚醤《ぎょしょう》）や干しエビのペーストにニンニク、エシャロット、ライムの汁を加え、そこに生もしくは干したトウガラシの実を刻んで混ぜ込んだもので、砂糖を加えることも多い――として古くから知られてきた。底の浅い、小ぶりな皿に入れて食卓に出され、魚や肉、野菜といった主菜のディップとして使われる。

ピータンや新鮮な青野菜に添えてあるのは、ナムプリック・ロン・ルアというフルーティーな味わいのソースで、酸味の利いた青い果実マダンとライムを材料にしている。ナムプリック・パオはマンダリンのペーストとパームシュガーで作ったもので、トムヤムクンといっしょに食べられることが多いが、トーストしたパンに塗り、スパイスが利いたマーマレードとでもいうような使われ方もされている。掛け値なしの珍しい経験ができるのがナムプリック・メン・ダーで、これは乾燥させてすりつぶしたタイワンタガメの飛翔筋を混ぜたものである。この巨大な昆虫は夜、池に誘蛾灯を浮かべて捕まえる。トウガラシの歴史を研究するヘザー・アーント・アンダーソンは、このソースの味について、「ロブスター、ローズペタル、オレンジピール、ブラック・リコリス、ゴルゴンゾーラ・チーズをひとつにしたうまさ」と紹介している。[4] もちろん、このソースにもトウガラシは使われている。

瓶詰にされたタイのチリソースは、この国の料理にとって、いつもそばにある心強い助っ人で、すばやく炒めた焼きそばに好きなだけかけたり、ディップとして使われたりしている。この手のソースとして世界的に有名なのが「シラチャー・ソース」で、その名前はタイランド湾の東岸にある町の名前に由来している。ソースを考案したのは地元の商店主といわれ、一九三〇年代、製材所に出稼ぎにくるビルマ人労働者に売るのが目的だった。彼らには、すりつぶしたトウガラシに酢や塩、砂糖を加えて調味料を自分で調合する習慣があった。

さまざまなソースがただちに続いたが、シラチャー以外の商品にもそれぞれのいわれがある。町の名前を冠しているにもかかわらず、シラチャーはいまや世界の多くの国々で製造されているが、本国以外の商品は辛さは控え目でソースもこってりしており、ケチャップのような質感だ。本家のソースはトウガラシよりも酢の風味が強く、本場のナムプリックのように、ディップらしくもっとさらさらしているのが特徴だ。

ポルトガルから日本、マカオ、朝鮮へ

ポルトガル人と日本人がはじめて出会ったのは一五四三年のことである。それから一〇年とたたないうちに、ゴア‐マカオ‐長崎の定期航路が開かれている。ゴアは、アジアにおけるイエズス会最大の拠点で、カトリックの修道士を通じてジャガイモ、精製糖、トウガラシが日本に伝わったばかりか、衣をつけて油で揚げる料理法が紹介され、日本の天ぷらが誕生する。イエズス会が持ち込んだ食材や調理法は、日本の料理におそるおそる浸透していった。仏教の教えに基づき、日本の食べ物は厳しく制限されていたのだ。

十七世紀の前半になると、江戸（現在の東京）で香辛料を扱う商人が七味唐辛子（七つの風味を持つトウガラシ）という独自に調合したトウガラシを編み出す。七味唐辛子は、挽いた赤トウガラシに、ゴマ、干したミカンの皮、麻の実、ショウガ、海苔、山椒、紫蘇などが主に加えられている。トウガラシは今日の料理でも欠かせない調味料で、餅やせんべいの味を引き立てたり、麺類や汁物に振りかけたりして使われている。もっとも、それ以外となると、日本料理にトウガラシを使った料理がたくさんあるというわけではない。辛味が必要なとき、日本ではホースラディッシュによく似たワサビや

生のショウガがもっぱら使われている。

マカオにおけるポルトガル料理の影響は、おそらく日本料理に比べればはるかに大きかった。バカリャウ（タラの塩漬けの干物）は、すでに干しエビを使っていたマカオの食材の仲間にすんなり加わった。アヒルのカビデラは、もともとブラジルのポルトガル領で食べられていた料理で、途方もない長旅を経て伝えられた。ブラジルでは鶏肉で作るのが普通で、家禽の肉を鳥の血とビネガーと米で煮込んで作る。ウサギのキャセロールは、スターアニス（八角）やシナモンなどのアジアの香り高い香辛料とワインを煮込んだ料理で、ポルトガルとマカオの国境をまたいだ料理の好例だろう。ポルトガルのパステル・デ・ナタは、卵の黄身（中国では牛乳なし）だけで作った甘いエッグタルトで、マカオ料理と中国の点心を代表するお菓子として世界中で知られている。トウガラシは大きなエビやカニの揚げ物料理にも使われるようになった。次の第6章で見るように、トウガラシは中国でも一気に普及していった。

アジアを東へ東へと目ざしたポルトガルの最後の寄港地が朝鮮半島だった。十六世紀中頃、トウガラシはこの国でもさっそく居場所を見つけ、本質的には大昔の農業文化に基づく料理に取り込まれていった。なにはともあれこの国では、伝統的にはっきりとした味付けが好まれてきた。醬《ジャン》と呼ばれる調味料は、餅米と粉末にして発酵させた大豆、大麦麦芽、塩から作ったペースト状の食品で、黒コショウ、チョッピ（韓国の香辛料でザントキルム・ピペリツムのこと。日本の山椒の一種）が混ぜ込まれていた。しかし、ポルトガルとの交易が始まると、ジャンの材料にコチュカルとしてトウガラシが使われるようになる。コチュカルは日干ししたトウガラシの粉末あるいは破片で、コチュカルが加わったことで、なんにでも使われていたジャンはコチュジャンとなり、以来、朝鮮半島の料理には必須のものとなった。

コチュジャンは肉の漬け込みのような時間のかかる料理や、タイのナムプリックのように卓上の調味料として使われている。その風味は意外なほど複雑で、甘くもあればスモーキーでもあり、さらに酸味も利いている。この酸味は伝統的な陶器の壺に入れ、戸外で発酵させた結果だ。辛さも千差万別で、そのため韓国ではコチュジャンの辛さ測定の基準表記GHU（コチュジャン・ホットテイスト・ユニット）を独自に制定した。スコビル値のような主観的判断に負うのではなく、ガス液体クロマトグラフィーに基づいて測定されている。一九七〇年代ごろまでは家庭で作るのが普通だったが、大量生産が始まるとスーパーマーケットでも売られるようになった。コチュジャンをベースに、さらに複雑に配合された調味料があり、たとえばサムジャンには大豆のペーストや玉ネギ、その他の調味料などが加えられている。

トウガラシは、十七世紀末に洪万選が書いた農書『山林経済』（農業経営に関する書物）に登場するまでになっていた。家の建て方から楽器の手入れまでと、さまざまな実用的な助言が集められている本である。興味深いのは、洪万選が朝鮮半島で古くから食べられてきた副菜のキムチにトウガラシを使うのを勧めている点だ。キムチは発酵させた葉野菜と大根を主な材料にしており、その起源は少なくとも紀元前一世紀にまでさかのぼる。それまでには考えられなかった革新的な提案だった。なぜなら、トウガラシの粉末コチュカルがキムチの材料として使われるようになるのは、十九世紀前半になってからのことだったからである。

トウガラシの栽培はたゆみなく続けられ、いまでも国中で栽培が続けられている。現在、料理人に最も好まれているのはカプシカム・アニューム種の青陽《チョンヤン》で、前述のようにその名称は韓国の慶尚北道にある青松郡と英陽郡という二つの郡の名前を合わせたものだが、青陽という品種そのものが、バードアイと済州島のトウガラシをかけ合わせて作ったハイブリッドである。韓国で最も辛いトウガラシを生み出すことを一番の目的にして開発された品種だ。

イベリア半島の商人たちの冒険的な航海だけではなく、別の主要ルートで交易を行ってきたのがヴェネチア共和国で、ヨーロッパ人がアメリカ大陸に上陸するはるか以前の八世紀からすでに彼らの交易は始まっていた。このルートは、中東の大帝国やアラブ、ペルシァの内陸部へと続き、イスラムのカリフや十三世紀末に勃興したオスマン帝国とも交易が行われていた。この一帯ではオランダやポルトガルも主要な交易国となった。

中世の時代、インドネシアの香料諸島との交易を通じ、それまでにない食材や調理法がもたらされたことで、中近東の料理は変化を遂げた。この地域の料理は伝統的に香り高いものを好む素地があり、そのような習慣は、貿易の中心地ヴェネチアに向かう、アジアの海路や陸路を経由して中近東に輸入された香辛料に由来していた。ナツメグ、クローヴ、シナモン、ショウガなどが中東料理でよく使われる香辛料で、これらはやがて地中海地域へと伝わり、さらに南ヨーロッパ、西アフリカへと広がっていった。

アラビア半島とアフリカのあいだでは、すでに古くから交易が行われていた。エチオピアのコーヒーは十五世紀に中近東に渡り、同じルートをたどってメレグエタ・ペッパーも中東に運ばれた。こうしたルートのどれかを通じて、ポルトガルとおそらくスペインのトウガラシもついに中近東へと到達したのだろう。

インドからブータンへ

アラブ人が南北両半球の食習慣を取り入れることに慣れていたのは、中近東が古代からギリシャ・ローマ文明とインド・中華文明を結ぶ途上に位置していたからである。はるか東方のポルトガルの植民地がそうだったように、トウガラシはここでもすんなりと受け入れられた。その影響のあかしがメルゲーズで、これは北アフリカやアラブの羊肉や子羊の肉を使った辛いソーセージである。十三世紀に書かれた料理書『アル・アンダルス』には、アンダルシア地方のムーア風料理や北アフリカのマグリブ料理の概要が記されている。ミルカスは、ムリ（発酵大麦のソース）、シナモン、ラベンダー、コリアンダー、黒コショウで味つけされたソーセージだ。

しかし、十六世紀になると乾燥させたトウガラシが使われるようになり、トウガラシなしのミルカスなどもはや想像さえつかなくなっていた。マグリブに伝わったトウガラシはハリッサとなった。マグリブの台所に欠かせない激辛の赤いペーストである。また、ミックススパイスのラス・エル・ハヌートにもトウガラシが使われている。あまり目立たないがペルシャ料理にもトウガラシは取り込まれている。特有の辛さというより、穏やかな果実の風味が重んじられている。

十六世紀にインドに伝わったトウガラシは、その後二〇〇年のあいだにインドの巡礼者や交易商人らの手で、ヒマラヤ山中の内陸国ブータンに伝えられた。ブータンは北でチベット、南はインドのアッサム地方に接している。この国のトウガラシは、広範に使われている熱帯の国々とはまさに正反対の理由から料理に取り込まれていった。熱帯の人たちのように灼熱の辛さで暑気を払うのではなく、世界の屋根と呼ばれる土地で過ごす酷寒の冬、体を暖めるために人々はトウガラシを食べてきた。興味深い土地柄で、土地の人々は邪気払いについて、メソアメリカの人々と驚くほどよく似た宇宙観を抱いていた。屋内でトウガラシを燃やし、その煙で薫蒸することによって、目には見えない悪魔を遠ざけておけると考えられてきたのだ。現在でもこの習慣は多くの人たちに引き継がれている。

どんな小さな農家でもわずかばかりの耕作地があれば、ほかの野菜といっしょにトウガラシを植えるようになるまでに時間はかからなかった。こうした栽培は、人々が町に移り住み、その結果、農家の生産量が落ちてしまい、トウガラシが市場で売られるようになる二十世紀まで続いた。村の農家では、メキシコのリストラのように、束ねたトウガラシを家の正面のバルコニーや軒先から吊して干している。世界のなかでも、ブータンほどトウガラシをひたむきに食べ続けてきた土地はおそらくないだろう。調理中や食事中に使う香辛料として使われているだけではない。ブータンでは野菜として、副菜やサラダとしてそのまま食べられている。朝食でも食べられている。

エマ・ダツィ（トウガラシチーズ）はブータンの国民食で、生もしくは乾燥させた「シャ・エマ」というトウガラシをヤクの乳から作ったカッテージチーズと混ぜたものだ。そのままでも食べられるし、赤米やキノコ入りのトウガラシカレーなど野菜料理に添えて食べている。ほかの料理では丸のままのトウガラシがごく普通に食べられており、塩漬けしたものを追加で食べると、舌の味蕾は容赦ない辛さに攻め立てられる。ブータンの人々はトウガラシ食に慣れ親しんでいるので、トウガラシが利いていない料理にはこれ以上ないほどの味気なさを感じている。儀式の際には、米を醸して蒸留したアラという地酒が昔から飲まれてきたが、幸運を呼び込むとともに、ヒリヒリする辛さを堪能するため、この酒に丸のままのトウガラシがよく漬け込まれている。

インドや中国や日本と同じように、ブータンの地元料理にも、トウガラシの先達に当たる辛味に富んだ食材があった。ブータンではナムダ（ポゴステモン・アマラントイデス）と呼ばれる香草がそれで、食材といっしょに煮ると辛みと苦みが添えられる。ほかの多くの土地の住民と同じく、すでに辛さを重んじていたブータンの人たちのあいだでも、トウガラシは際立った辛さに突出している点でたちまち好ましい食べ物になった。

ブータンでは今日、たくさんの種類に及ぶトウガラシが栽培されており、平均的な家庭で一週間に消費する量は二・二ポンド（一キロ）に及ぶ。トウガラシの辛さには小さなころから慣らされる。四歳から五歳のまだデリケートな舌ではじめてトウガラシを口に含むが、最近の世代に対し、さらにその年齢が早まっているのは、十代の舌が穏やかで脂肪質の多い西洋風の味に慣れてしまうことへの保険だ。ハンバーガーやピザが相手では、エマ・ダツィさえ味気ないものなりつつあるのだ。

現在、ブータンの国民のあいだで、ある医学上の不安がかすかな波紋を広げつつある。あまりにも過剰なトウガラシの摂取こそ、最近増加している消化性潰瘍の原因ではないのかという不安だ。昔から豊かな世界につきものの、食べ物に由来する健康上の不安で、人々はこの種の暗示を受け入れつつある。ブータンの首都ティンプーにある小屋のようなカフェで、ある男がアル・ジャジーラの記者に向かって話していた。「こうしたトウガラシのせいだ。トウガラシは脳を駄目にしてしまう。ブータンの人間がまったく進歩しないのはそのせいだ。かりに脳のメモリが二ギガだったら、トウガラシを食べるとメモリはたちまち一ギガにまでさがってしまう[5]」

どうやら、馬鹿げたことを軽々しく信じてしまうのは、ハンバーガーで腹を詰まらせた西洋人の専売特許ではなかったようだ。

四川省、湖南省への伝播ルートは？

トウガラシがどのようなルートを経て中国に伝わったのか、その正確な経路――厳密を期すならそれらの入国経路――は歴史的な謎に包まれたままだ。ポルトガルの港湾都市であるマカオには、十六世紀早々にトウガラシが根をおろしたことは見てきた。だが、マカオから徐々に広がり、中国の広大な内陸部をトウガラシがどのように横断していったのか、それを示す証拠はまったく見当たらない。さらに言うなら、インドやタイで瞬く間に受け入れられたように、中国でも特定の土地では時を置かず、形を変えながら料理に取り込まれていったものの、よその土地では二の次の食べ物にとどまっている。このような普及のパターンからうかがえるのは、食物史において近年主流となった説、つまり、トウガラシの中国伝来はさまざまな独自のルートを経由していたことを意味している。

南アジアと東南アジアへの伝来が海路――ポルトガル人が開拓――が主なルートであるなら、伝来以降、トウガラシが重んじられ、料理の中心的な役割を占めている中国の各地へは、おそらく陸路を通じて伝わった可能性はかなり高そうだ。中国の地方料理のなかでもトウガラシの灼熱の辛さを生かしているのは、四川料理と湖南料理で、いずれも内陸部にあり、この国の南部沿岸にある省ではない。推測に負うところが大きいテーマだが、トウガラシがどの経路をたどってこれらの地域に伝わったのかについて、インドとビルマ（現在のミャンマー）を経由し、陸路をたどって運ばれたとする説がいまでも有力だ。

中国の歴史を研究するE・N・アンダーソンは、一九八八年の論文でトウガラシの伝来について、大胆にも次のように推測している。

トウガラシは一五〇〇年代にポルトガル人によって東洋に持ち込まれたが、トマトやナスのように小規模な一地方の作物としてとどまることはなく、極東まで席巻して画期的な影響を残した。旧世界において、料理の進歩という点では、蒸留法の発明以来、トウガラシの伝来はおそらく最も大きな影響をもたらしたと思われる。(1)

確かにポルトガル人を介して、トウガラシはタイ、朝鮮、日本を席巻したようだ。しかし、中国まで一気に広がってはいない。四川省や湖南省の対外貿易は、主にペルシャの中東商人によってシルクロード経由で行われ、中東の香辛料と中国の絹や陶器、お茶などが交換されていた。

アラブ料理の歴史家チャールズ・ペリーは、カシミールとネパールにトウガラシを伝えたのは、ホラーサーン――現在はイランに組み込まれている――とアフガニスタン、トルクメニスタンなどの商人たちで、現地には「コルサニ」というトウガラシを意味する言葉がいまも残っているからだと指摘する。(2)こうした商人たちがたどったルートは、インド北東部（現在のバングラデシュ）とビルマ北部を横断して四川省へとつながっていた。これに比べ、湖南省のケースは確証に乏しい。四川省経由で陸路から持ち込まれた可能性もあるが、湖南省が中国南東にあるという地理的な条件を踏まえると、海路経由でトウガラシが伝来したと考えたほうが可能性としては現実的だ。

海をたどってマカオに到達したトウガラシは、そこから広東省を縦断して湖南省に伝わったか、あるいは福建省の港湾都市から西に向かい、江西省を横断して湖南省にいたったことも考えられる。当時、福建省とポルトガルはさかんに交易を行って結びついていた。一九五五年発表の「アメリカの食用植物の中国への導入」という独創的な論文は、トウガラシの伝来についてとくに言及したものではないが、筆者である中国の歴史学者何炳棣《かへいたい》は、ピーナッツとサツマイモがどのようなルートをたどって中国に伝えられたのかを概説している(3)。

何炳棣の説明によると、初上陸から六年後の一五二二年、広州(現在の広東省)から締め出されたポルトガルは、中国沿岸を北に進んで福建省南部の港に移動すると、皇帝の勅命を無視して、ここを拠点に違法な貿易を続けた。彼らは南東部の沿岸で綿の交易を続け、その範囲は上海にまで達したが、当時の上海はまだ国際的な寄港地ではなかった。さらに何炳棣は、中国の土着の貿易商は、中国と南太平洋の島々で交易を行っていたと指摘し、十五世紀早々に行われた有名な鄭和の大航海(ベストセラーとなった人気の歴史書のタイトルには、中国は「世界を発見した」とある)に続き、彼らは一〇〇年に及ぶ交易を達成したという。おそらく、こうした中国の貿易商は、ポルトガルが中国本土の広州への航路を開く以前から、ポルトガルの商船と出合っていたはずである。

サツマイモについて論じた部分で何炳棣は、福建省の港を経由してサツマイモは持ち込まれたと説いている。しかし、雲南省(四川省の南に位置し、ビルマと国境を接する)に残された史書によると、サツマイモはインドとビルマから陸路で伝わったと記されている。現在、食物史家の見解は、サツマイモはほぼ同時期にいずれの方向からも伝わり、いささか異なる繁殖ルートにしたがって国内に広まっていった可能性が高いという点で意見の一致を見ている。おそらくトウモロコシも同じルートをたどったのだろう。

以上の点を踏まえると、トウガラシもまた中国南東部の港から中国に初登場したものもあれば、その一方でガンジス平原やビルマの陸路を行く隊商によって中国南西部に伝わったトウガラシもあったことが考えられそうだ。

興味をそそられるのは、トウガラシはある地域では熱狂的に受け入れられたにもかかわらず、ほかの地域ではほとんど見向きもされなかった点だ。いわゆる「地方志」を資料に使ったのが、近年の研究者キャロライン・リーヴスである。資料には、山西省山陰県におけるトウガラシ栽培について、貴重な歴史的記録が豊かに書き残されていた。また、上海の南にある浙江省について記した一六七一年の記録もある（「ラーキー」は色の赤い実で、華北山椒《かほくざんしょう》のような香辛料の代わりに使える」）。一六八二年の記録として、北京のはるか東、朝鮮半島に接する現在の遼寧省蓋州市のことが書かれている。遼寧省のトウガラシは朝鮮半島を経て伝えられたはずで、そのトウガラシとはそもそも、ポルトガル人によって日本に伝えられたものだったのだろう。

以上の資料は、トウガラシがはじめて記録されている湖南省（一六八四年）と四川省（一七四九年）などの資料に先立っているが、浙江省も遼寧省もいずれも辛い中華料理で知られている地域ではない。逆に、陸路によるトウガラシの伝播が実際に四川省から東方の湖南省へと続いたのなら、両省の中間に位置する現在の重慶市を通過したはずだ。そして、重慶の料理文化は四川料理の系統を引いていると分類されることが多い[4]。

「香り高い辛さ」という大事な要素

トウガラシが記された中国ではじめての印刷物は、明朝末期の日常生活が記された『遵生八牋《じゅんせいはっせん》』（優雅な人生を送る方法に関する談話）という随筆で、一五九一年に高濂《こうれん》という人物によって書かれた。ただ、そこに記されていたトウガラシは、食用ではなく、鑑賞用だったことははっきりしている。鑑賞が優先された点は、スペインとポルトガルでまず園芸としてトウガラシの栽培が始まったことを彷彿させる。「蕃椒《ばんしょう》（トウガラシ）は、房なりに白い花と丸い実をつけ、色は赤く、たとえようもなく美しい」

中国の文化では、赤は古くから縁起がよい色とされてきた。赤は長寿と健康と生命力を意味している。ベリーに似たトウガラシの果実は、秋になって実が熟すと、ベリーの真紅よりもさらに赤く色づき、幸福そのものを形にした果実のように見えたにちがいない。高濂とほぼ同じころ、明代の偉大な劇作家・詩人で、〝中国のシェイクスピア〟といわれる湯顕祖《とうけんそ》は、植物を愛《め》でた詩でトウガラシを「まずまずの雅趣」と讃えたが、この種の讃美は翻訳ですべてを伝えられるものではないので、微に入《い》り細をうがった評価も、陰影に乏しいがさつな称賛になり果ててしまう。

中国の美食は、味覚の基本的な分類に基づいて常に調えられ、分類の幅の広がりは西洋料理の比ではない。近年になって、「ウマミ」が甘味、酸味、塩味、苦味の四つの基本の味覚に並んで、五番目の味覚に加えられた。旨味とはコクのある食材に含まれている濃厚なグルタミン酸類のことである。中国では、地方によって異なるものの、これらよりもはるかに詳しく味覚の分類が定義されてきた。もっとも、〝怪味《かいみ》〟という分類にいたっては、いささか正確さに欠けているようでもある。辛味（辣）や香り高い味（香）は昔からあったが、興味深いのは、これらの言葉が、トウガラシが決定打として中国に登場する以前から存在していた点だ。

インド料理とまったく同じように、中国の料理でも香りの高い辛さは、すでに紀元前十六世紀のころから料理に欠かせない要素と考えられ、商（殷）の宰相伊尹《いいん》は五味（甘・酸・苦・辛・鹹）について詳しく論じていた。辛味の食材としては、インドと同じく、カラシの種、ワサビ大根の根、ショウガなどをはじめ、のちにインド産の黒コショウ、カルダモン、シナモン、メース、ナツメグなどのほかに、辛味大根、英語ではよく華北山椒（花椒《ホアジャオ》）とまちがわれるトネリコの辛い実などがあった。とくに華北山椒は、香り高い辛さの筆頭の香辛料だった。

これらのほかにも、食茱萸あるいは越椒の名で知られる香味料があった。中国南東部、台湾のほか東南アジア、日本各地に分布しているカラスザンショウの実である。食茱萸は唐時代の料理には欠かせない香味材料で、手間のかかる肉料理にペーストにしたものがよく使われていた。際立った辛味があり、豚肉や牛肉の臭み消しに使われていた。漢方薬としていまでも栽培されており、痛みや冷え性にとくによく効くとされているが、いまとなっては唐詩を通じて食べられていた事実が伝わるのみだ。明時代の終わりにトウガラシが伝来すると、食茱萸は太古の遺物としてたちまち忘れ去られた。同じようにヤマボウシの仲間で、落葉性のハナミズキの苦い実も同じ道をたどった。古代中国の料理においてハナミズキの実は酢漬けの魚、肉のスープ、麺料理などの味付けに使われていた。

「毛沢東の赤い角煮」

別名「湘菜《シアンツァ》」で知られる湖南料理は、四川料理よりも辛く、中国の郷土料理のなかで最も辛い。干《ガン》辣《ラー》（ドライでスパイシー）な味わいが特徴で、花椒とともにトウガラシが使われている。米酢をふんだんに用いることで、辛さによる味覚の麻痺と灼熱感は穏やかになると考えられている。塩をした酢漬けのトウガラシの剁椒《ディオジャオ》は万能の調味料で、多くの麺料理の辛味づけや、湘江の鯉の頭を蒸した湖南ならではの料理のソースにも使われている。

湖南では、トウガラシは単なる食材にとどまらず、寒い冬には体の芯から温めようと、煮込み料理に加えられている。また蒸し暑い夏には、トウガラシで保存した肉や燻製した肉を食べることで毛穴が開いて暑気が払える。世界のほかの国で黒コショウがふんだんに使われているように、湖南では刻んだ乾燥トウガラシがたっぷり使われている。割いたトウガラシの肉をスープに加えたり、スモークした牛肉に添えたりして、歯ごたえのあるその質感を楽しんでいる。スモークした牛肉料理には、ピーナッツやニンニクであえた乾燥トウガラシや酢漬けのトウガラシが添えられることもある。

湖南省出身のいちばんの有名人が毛沢東で、革命の戦略に献身したようにトウガラシにも忠誠を誓った。毛沢東はスイカにもトウガラシをかけて食べていたという。スイカには果肉がほとんど見えなくなるまで刻みトウガラシを振りかけ、トウガラシを練り込んで焼いたパンでなければ食べられたものではないと考えていた。「トウガラシを食べずして革命を成し遂げることはできない」と、当時、対立のさなかにあった北の隣国、つまり彼が心から軽蔑していたソ連の高官に向かって毛沢東は軽口を叩いていた。まさに至言ではあるが、『毛主席語録』には載っていない。毛氏紅焼肉《マオシーホンシャオロウ》（毛の赤い角煮）は、いまでは世界的に知られる料理となり、一年中食べられている。脂が乗った豚腹肉をとろとろと煮込み、八角、桂皮、ショウガ、トウガラシなどで香りづけされている。

毛沢東にとっては政敵にあたりそうな名前を冠した料理が、アメリカ中華料理の定番メニューになった「ツォ将軍のチキン」こと左宗棠鶏《さそうとうどり》である。そもそも一九五〇年代に台湾で考案された料理で、大西洋をはさんだヨーロッパの人間にはほとんどなじみがない。衣をつけて揚げた鶏肉料理で、黄酒と醤油をベースにしたニンニク風味の甘辛いタレには、材料として乾燥トウガラシが使われている。アメリカではライスといっしょにブロッコリーがごく普通に添えられているパターンが多い。料理名の左宗棠は、十九世紀の清朝の軍人左宗棠のことで、左宗棠自身はいまやテイクアウト産業で大人気の、こってりと甘いこの料理を食べたことなど一度もないはずだ。そもそもブロッコリーなる野菜が何か、彼には知るよしもなかった。左宗棠は湖南省の生まれで、この料理は湖南の郷土料理だとも考えられているが、地元では知られていない。甘辛い風味は好まれない土地柄なのだ。

　辛くて汁気に乏しいのが湖南料理である。その湖南料理を最も代表するのが麻辣干鍋《マーラーガングオ》である。スープがない鍋料理で、牛肉や魚あるいは豆腐などのベースの具材を小ぶりな中華鍋に入れ、強火でさっと炒めてしあげる。赤や緑のピーマン、セロリ、スナップエンドウ、竹の子、レンコン、キノコ、春玉ネギなどの各種さまざまな野菜がたっぷり使われているだけでなく、生のトウガラシ、トウガラシのペースト、花椒、桂皮、八角、茴香《ういきょう》（フェンネル）の種といった香辛料がこれでもかというぐらい投じられている。麻辣干鍋からさらに汁気と油を除いたのが四川料理の麻辣香鍋《マーラーシャングオ》で、こちらのほうがだし汁の辛さはいくぶん柔らかい。

ヒリヒリと痺れる四川料理

　湖南省と四川省の食の様式にはいくつか共通点もあるが、四川料理は遠隔地ならではのきわめて独特な特徴を備えている。地味豊かな盆地では、米だけではなくさまざまな種類の野菜が栽培され、高地では山菜をはじめ珍種のキノコにも恵まれている。ウサギの肉が好まれている点も独特で、中国のほかの土地でウサギの肉を食べるところはごく限られている。四川ではヨーグルトも食べられており、中世のはじめごろにインドとチベットから伝えられたという。トウガラシがどのような経路を経て中国に伝来したとしても、トウガラシは四川花椒と並びたつ香辛料となり、ピリッと辛い食茱萸の実に完全に取って代わった。

トウガラシは保存法にも優れ、乾燥、酢漬け、塩漬け――この塩は省内の塩類泉〔食塩を大量に含む温泉〕から採取されていた――などがあり、乾燥させた肉に食卓に置かれた辣油《ラーユ》をつけて昔から食べられてきた。トウガラシは花椒と異なる味覚を口にもたらすものときちんと理解されていた。トウガラシの燃え立つような灼熱の辛さとは違い、花椒の辛さは局部麻酔にも似た、ヒリヒリとしびれるような辛味である。

ソラ豆はトウガラシペーストの豆板醬を作るうえで欠かせない材料だ。たっぷりのだし汁にトウガラシを加えた鍋料理も昔から食べられてきた。その独特の風味を味わうにはトウガラシのソースが欠かせない。魚肉の香りと書く魚香《ユイシャン》は、豆板醬と酢漬けのトウガラシ、砂糖、米酢を混ぜて作った調味料で、魚介の素材はいっさい使われていない。「魚香」と呼ばれるのは、かつては魚料理の食材として使われてきたからだが、魚肉のような香りがするナスの煮物にもいまでは使われているので、事情に疎い者はますます混乱してしまうだろう。四川料理で有名な怪味《グァイウェイ》はさらに複雑だ。魚香、練りゴマ、黒米酢、四川花椒、醬油、黄米酒などを合わせた調味料で、茹でた鶏肉、豚の胃袋、干したソラ豆などの味付けに使われている。干したソラ豆は風味に富んだ軽食として食べられてきた。

四川料理のなかで、世界でも最も知られている料理はおそらく宮保鶏丁《ゴンバオジーディン》だろう。鶏肉とセロリもしくはネギ、生のピーナッツをきつね色にさっと炒めたもので、炒め油には乾燥させたトウガラシの実や四川花椒の風味が移されている。「宮保」は、十九世紀の清朝の地方長官だった丁宝楨《ていほうてい》にちなむ（「宮保」は丁宝楨の官職名で「宮廷の保護者」の意）。丁宝楨はことのほかピーナッツを好んだといわれ、四川省の人たちはそのヒリヒリして痺れるような辛さを古くから日常的に味わってきた。時代とともにこの料理は洗練されていき、各種のトウガラシがますます求められるようになった。そのなかでも特筆しておきたいのは、七星椒《チーシンジャオ》というトウガラシである。カプシカム・アニューム種に属する中程度の辛さの品種で、天に向けて円錐形の実をつけるその姿から鑑賞用として栽培されてきた。

文化大革命が起きた一九六〇年代後半、宮保鶏丁は唾棄すべき皇帝時代の縁を引くという理由から、いまだに続く旧時代とのつながりを断ち切るため、この料理の名前は宮保鶏丁から糊辣鶏丁《フーラージーディン》（刻んだトウガラシで炒めたさいの目の鶏肉）という散文的な名称に変えられたことがあった。最終的にこの改名は、鄧小平によって正式に廃止される。「騒乱の終わり」といまでは遠回しに言われている文化大革命の終わりに伴い、古くからの名称が復活したのだ。

四川料理の名称には、翻訳してしまうと、おどろおどろしいイメージを伴った料理があり、麻婆豆腐（「あばた顔の老婆の豆腐」という意味）などもそうした料理のひとつだろう。麻婆豆腐は、豆板醤と赤トウガラシ、辣油、四川花椒などを材料に作った豆腐料理だ。螞蟻上樹《マーイーシャンシュー》（「木を登る蟻」という意味）は、豚の挽肉と春雨、豆板醤、米酢、醤油、ニンニク、ショウガで炒め煮した料理である。

貧しい者も口にできる食物

中国でもトウガラシを料理に取り入れた地域には、すばらしい祝福がもたらされた。ほかの国がそうだったように、トウガラシは大した金もかからずに栽培でき、大量の収穫が確実に見込めた。やがてこの国では気候の微妙な違いに応じ、その土地にとくになじんだトウガラシが生み出されていった。なかには土地にあまりにもすんなり根づいた品種があり、前述したように、オランダの植物学者ニコラウス・フォン・ジャカンはこの種のトウガラシは中国原産に違いないと考え、一七七六年にカプシカム・シネンセ（中国トウガラシ）と命名して分類した。この分類はフォン・ジャカンの誤った思い込みだったが、中国ではそれほどいろいろな料理にトウガラシが使われていた。カプシカム・シネンセはアメリカ大陸が原産のトウガラシで、前述したようにハバネロもこの種に属している。

トウガラシは貧しい者にも購え、しかも栄養価にも恵まれていた。金がなければ口にできるのは味気ない、代わり映えのしない食べ物に限られるので、手ごろな値段で味をがらりと変えられる香辛料は大歓迎された。もっとも、それだけに貧しさを連想させ、時には蔑称として使われてしまう危うさもある。中国の週刊新聞「北京トゥデイ」の記事によると、湖南地方には貧しい者を意味する言葉として、「トウガラシでふすまを食べる」という言いまわしがあるという。〝ふすま〟、つまり麦の身の部分ではなく取り除いた硬い種皮の部分を、わずかばかりの香辛料で味をごまかして食べているという意味だ。

ちかごろでは、海外の熱狂的なトウガラシブームに合わせ、多くの伝統料理をさらにスパイシーにした中華料理のレシピが続いている。とくに四川料理の場合、すでに十分すぎるほど辛い料理であるにもかかわらず、その味はますます辛くなりつつある。長いあいだ中華料理の代表として崇められてきた北京ダックでさえ、皮を巻く薄餅《パオビン》にキュウリとともにトウガラシを添えたメニューがあり、また薄餅に塗る、伝統的な中華甘味噌の甜麵醬《テンメンジャン》の代わりに、トウガラシが選べるようになっている。

ウエブニュース「チャイナ・シーニック」にアップされた記事によると、激辛と激辛好きな若者のむすびつきを深めようと、「スパイスがとてつもなく利いた」手羽肉が小さなレストラン、とくに大学周辺のレストランで食べられるようになり、多くの卒業生にとって学生時代の忘れがたい味になっているという。

第7章◉ピリピリからパプリカまで——ヨーロッパのトウガラシ

「四体液説」とトウガラシ

世界のほかの地域に比べると、ヨーロッパ料理におけるトウガラシなどの香辛料が担ってきた役割はもっと複雑で、文化の変遷による影響を大きく受けてきた。香辛料が世界を席巻した十六世紀、とくに辛味の強い香辛料が世界各地の料理に取り込まれるようになると、どの料理も劇的な変化を遂げたが、食べ物をめぐり、ヨーロッパでは世界のほかの地域とは異なる価値観が幅を利かせていた。

ヨーロッパの料理にトウガラシが取り入られるようになったのは、ようやく近代になってからだった。しかも、あくまで脇役にとどまり、想像しうるかぎり、最もおそるおそる食べられていた。干したトウガラシを刻んだり、粉に挽いたりして使っていたが、香辛料としての辛さはきわめて弱々しいものだった。南ヨーロッパの地中海沿岸などでもっぱら栽培され、食べられてきたのは、辛味とは縁のない甘トウガラシだった。こうしたトウガラシが持つ色や甘味、あるいは口当たりのいい苦みのおかげである。なぜ、こうした違いが起きたのだろうか。

ヨーロッパの医学理論は、古代からギリシャの医学者ヒポクラテスとガレノスから受け継いだ考えを基本としてきた。その理論では、人間の命をつかさどる液体は、たがいに関連する四つの体液（気質）からなり、それぞれの体液は四大元素のいずれかに結びついていた。血液は空気という元素に結びつき、性格は社交的。黄胆汁（元素は火）は短気で気難しい気質を帯びている。黒胆汁（元素は土）は憂鬱な気質だ。四番目の粘液（元素は水）は冷静で無関心な気質を生み出す。感情面に対する影響に加え、個々の体液は春夏秋冬という、一年の四つの季節に対応しており、これは人生におけるある期間、つまり、幼児期、青年期、壮年期、老年期に相当するものとして結びつけられていた。

　四体液説をめぐるこうしたたとえのなごりは、人の気質を言い表す際に使われる「気難しそうな《スプレネティック》性格」（スプレネティックは「脾臓の」という意）とか「怒りっぽい《コレリック》性格」（コレリックは「胆汁質の」という意）言葉などにうかがえ、「メランコリー」という語はギリシャ語の「黒胆汁」に由来している。このような性格をめぐる特徴のほかに、それぞれの体液には、「熱と冷」「乾と湿」の両方を配列させた独特な組み合わせがあった。たとえば、血液は「熱と湿」、黄胆汁は「熱と乾」、黒胆汁は「冷と乾」、粘液は「冷と湿」といったぐあいだ。

　さらに四体液説は黄道十二宮ともきちんと対応しており、人の生命は無限の循環にしたがっていると考えられていた。この考えを医学に用いるにあたって、四体液論は古くから信じられてきた体液のバランスという考えに拠ってきた。病を得た人間とは、実は体液の対応が崩れたせいで苦しんでおり、崩れたバランスは、相反する体液に基づいた食事や飲み物を処方して正さなくてはならない。あるいは、さらに徹底した治療として、瀉下《しゃか》や瀉血《しゃけつ》などが行われたりしていた。

　四体液説はヨーロッパでおよそ二〇〇〇年間、少なくとも啓蒙時代のころまで支持されただけでなく、イスラム世界の医学理論にも取り込まれていった。またその間にも、主に宗教上の考えや趨勢の変化の影響を受け、折に触れて訂正が加えられたり、見直されたりしてきた。東ヨーロッパでは、東ローマ帝国がギリシャ正教を国教としたことで、病気の原因は神による干渉と考えられるようになった。一方、西ヨーロッパでは四液体説は変わらずに支持され、病気をもたらすバランスの乱れを正す野草や鉱物、危険な毒物の研究が倦むことなく続けられた。ヤナギの樹皮に含まれている鎮痛作用をもたらす成分は、アスピリンとしてのちに知られるようになり、イヌサフランの抗炎症作用は、コルヒチン（痛風発作の軽減によく使われている成分）としてその後特定される。いずれも紀元前二〇〇〇年の昔から知られていた事実だった。体を守ったり、病を治したり、あるいは健康を維持したりするうえで、自然界にはさらなる無限の可能性が秘められていたのだ。現在まで続く植物薬が繁栄していく可能性もまたこのころから存在していた。

中世の香辛料貿易が栄えていたころ、富裕な者たちの食卓は東方貿易を通じて持ち込まれたコショウやシナモン、ナツメグ、クローヴ、ショウガの香りで満たされていた。このころ書かれた医学辞典には、四体液説に基づいた各スパイスの分析が記されている。辛さの度合いはさまざまだったが、大半は「熱と乾」に分類されていたので、香辛料は黄胆汁を生じさせ、短気で衝動的な性向をもたらすと考えられていた。言葉を換えるなら、香辛料は不活発で、倦怠感を覚える者にはお勧めの食べ物だが、激しい怒りに駆られ、自制心を失いがちな者は口にするのを断じて避けなくてはならない。クミンには辛味があるが、コショウほど辛くはない。ガランガルも辛いが、根ショウガのほうがはるかに辛い。と、こんな調子で続いている。

普及に時間がかかったヨーロッパ

西半球原産の食物がヨーロッパに渡来したのは、十六世紀の変わり目のころだった。だが、アフリカ、中東、アジアとは違い、これらの食べ物はヨーロッパの上流階級の食事にただちに取り入られたわけではなく、大半は傍流の地位にとどまり続けた。もちろん、例外はあった。たとえばトウモロコシは比較的早い時期にイタリア北部の料理に取り込まれ、ジャガイモ――当初は得体が知れないものとして当惑されていた――は、イギリスやアイルランドで受け入れられた。だが、渡来した食物が総じて脇役にとどまったのは、これらの食べ物が四体液説のどれに相当するのか誰も特定できなかったからである。十六世紀に書かれたヨーロッパの料理書や美食の論文に、アメリカ原産の食物を探そうとしても無駄に終わるのは、まさにそうした理由にほかならない。食物史の研究家ケン・アルバーラは次のように説明する。

識者たちがこれらの食物を論じる際、食物に対する彼らの保守的な考え方のせいで、たいていの場合、こうした食物には疑いの目が向けられ、結局は拒絶されていた。とくに彼らがあまり評価しない、よく知る食物と容易に比べられるものの場合がそうだった。ただ、新しい食物が受け入れられるまでに後れが生じたことについて、こうした博識の者たちの意見に責任の一端があったとは言えない。当時、ジャガイモやトウモロコシ、トウガラシは、ヨーロッパの植物園で栽培され、鑑賞用として愛でられていた一方、下層階級の人々は、食べるなという警告をいっさい無視して、とにかく食べ始めるようになった可能性も考えられるからである。真相はどうであれ、こうした新しい食物が大々的に口にされるようになったのは十七世紀中頃で、多くの場合、さらにずっとあとのことだった。そして、このころになると食物について物を書く者たちのあいだで、四体液説はようやくその権威を失いつつあった(1)。

この推測が正しければ、四体液説の失墜にひと役買ったのはヨーロッパ社会の低い階級の人々ということになる。トウガラシの場合、上流階級が食するものとして安全かどうかわからなかったにもかかわらず、安価に栽培できるという経済的な理由から、貧しき者たちはためらわずにトウガラシに手を出していた。しかし、その変化は一気に進んだわけではない。一方、トウガラシに比べ、温かい飲み物——紅茶、コーヒー、ホットチョコレート——は、十七世紀のヨーロッパ社会に瞬く間に浸透すると、社会のあらゆる階層の人々に受け入れられていった。

食材そのものの味か、調味料を重ねた味か

交易だけでは飽き足らなくなったヨーロッパの強国が、アジアの植民地経営に乗り出すようになると、誰もがうらやむ香辛料の供給はこうした強国によって独占された。その結果、強国の市場では香辛料の商品価値とその社会的な地位は揺らぎ始めていった。上流階級の食事では、食べ物が持つ本質を尊ぶ新たな一派が幅を利かせるようになり、さまざまな香辛料を何層も重ねた複雑な料理は、そうした料理を好んで食べてきた者の支持を失ってしまった。

十七世紀、素材そのものの味がわかる料理こそ料理科学の到達点であるという考えがフランス料理で優勢になると、その後一世紀にわたって続く論争の火ぶたが切られることになった。つまり、料理とは、滋養の点において完璧であり、誠実であるべきものか、それとも飾り立てて手の込んだものにするのかという論争で、フランス料理では素材の滋味を重んじるという前者の考えが、まさにこの国の料理規範となった。

この規範はフランスの啓蒙哲学者の「自然に帰れ」という無骨な提唱とは対照的に、五感に訴える

技巧を第一に考えることを説いていた。その一方で、フランス料理をきっかけにイギリスの文人たちのあいだで、ナショナリズムの気運が醸成される。ドーヴァー海峡の向こうで、先祖代々からの宿敵が食べるしゃれたラグー〔シチューに似た煮込み料理〕やカスレー〔白インゲン豆を使った煮込み料理〕の向こうを張って、イギリス人は質実剛健なローストビーフをこの国の料理の旗印として掲げた。

北ヨーロッパで起きたもうひとつの変化は、宗教改革を経たプロテスタントの神学に端を発していた。消化とはある種の発酵現象なので、コクのある料理や手の込んだ味つけの料理はむしろ体に負担をかけ、胃のみならず全身に災いをもたらすという説が正しいと見なされるようになったことだった。この疑似科学的な解釈では、生野菜やハーブ、蒸した魚、新鮮な果実などの質素で月並みな食べ物こそ、最もすみやかに消化される食べ物である。このような教義は、カトリック教会やヨーロッパの世俗の贅沢三昧に見られる無節操な浪費への激しい反発を体現していただけではなく、『聖書』の創造神話を文字通り解釈した、人類の遠い記憶にも根差していた。そもそも創造神話の神は、元来は菜食主義だった人類に、これを食べよと大地の生《な》りものを授けられたのだ。

料理におけるプロテスタンティズムの影響は、ソース作りの原理が洗練された点に見ることができるだろう。レイチェル・ローダンが世界の食物史について書いた『料理と帝国：食文化の世界史 紀元前2万年から現代まで』（みすず書房）で説いているように、インド料理や中華料理、メソアメリカン料理がそうであるように、世界の多くの料理で使われているソースは、風味や味わいの層を作っていくうえで、ベースとなるトマトや玉ネギのピューレに、香辛料やハーブや香味料を加えることが要《かなめ》となる。

しかし、ヨーロッパ料理では、肉や魚のストックがベースのソースで、料理の中心となるタンパク質のエッセンスを作ると方向へと向かっていった。ベースとなるストックには、すでに肉や魚が持つエッセンスが濃厚に凝縮されている。香辛料は料理に欠かせないものだが、その役目は素材の風味を支えて引き立てる点にあり、独自の味を補うことは求められていない。料理の最終的な狙いが徹底して凝縮された濃厚さだとしても、それは素材を際立たせるための濃厚さで、個々の調味料がその存在を主張することではなかった。

伝統的なインド料理の場合、複雑で重層的なソース作りから始めるのが原則で、ローストした各種スパイスを中心に、玉ネギ、ニンニク、ショウガ、トマト、トウガラシを加えて味を補う。これらの味がひとつにまとまったら、メインの食材の調理が始まり、ソースはその付け合わせとして添えられる。昔ながらのフランス料理の手順はこれとは逆で、はじめにメインの魚や肉の切り身を調理してから、ストックにワインや調味料、場合によっては用意したばかり《ア・ラ・ミニュット》の生クリームを加えて適度に煮詰めてソースを作り、皿に盛られた主菜にかける。

素材とソースのこうした歴史的な流れを踏まえて見てみると、トウガラシは脇役としてヨーロッパの各種の伝統料理に取り込まれていったことがよくわかる。トウガラシはヨーロッパの料理にくまなく吸収されていった。すでに見てきたように、スペインとポルトガルでは、これ以上ないほどの熱烈な歓迎ぶりでトウガラシは受け入れられ、スペインのチョリソーやポルトガルのショウリースなどの伝統のソーセージにも刺激的な味わいは取り込まれた。またピリピリソースとして、肉や魚にあえる万能の辛いソースが編み出された。

フランス料理にはあくまでも傍流の食材として進出したトウガラシは、この国がスペインと接するフランス領のバスク地方の料理に取り込まれた。地元ではエスプレットの名前で知られるカプシカム・アニューム種に属するトウガラシで、ピペラードのような郷土料理のアクセントとなっている。ピペラードはピーマンやトマトなどを使った具だくさんの煮込み料理で、プロヴァンス地方のラタトゥイユに似ている。夏野菜を使ったそつのないラタトゥイユの豪快な従兄弟といった料理だ。

イタリアでは、ナポリとカラブリア南部を除き、二十世紀になり、穏やかな辛さの品種――ペペロンチーノ――が広く栽培されるようになるまで、トウガラシにはあまり興味を示さず、ほとんど見向きもされてこなかった。しかし現在、刻んだ生のトウガラシは、パスタのソースや具材として使われるようになり、塩水漬けや油漬けにされたトウガラシが燻製肉やチーズに添えられ、サラミやペパロニソーセージの材料としてほどよいまろやかさを与えている。スーゴ・アラビアータ（「カンカンに怒った」という意味）の材料は、オリーブオイル、トマト、それに（ローマがある）ラツィオ州産のトウガラシといたってシンプルものだが、いまでは世界中でその名前が知られているほど有名なソースだ。ポルトガルのピリピリと比べると、アラビアータはそれほどカンカンではなく、ブツブツ文句を言っている程度だと思えるが、それでも辛さの度合いはその家の台所しだいで大きく異なる。メキシコ同様、カラブリア州では、家の正面に渡した紐に赤いトウガラシの束をかけて干している様子がおなじみの風景になっている。

パプリカのはるかな旅路

中央ヨーロッパのトウガラシは、あのどこにでも売られている香辛料、パプリカとしてほとんど目立つことなく姿を現した。栽培種、もしくは乾燥させてパウダーにした香辛料のパプリカもまた、メキシコを原産地とするトウガラシだ。イベリア半島にはコロンブスによって持ち込まれ、スペインでは「ピメントン」として知られるようになり、スペイン西部に位置するエストレマドゥーラ州の料理には欠かせない食材である。すでに見てきたように、イベリア半島に渡来したパプリカも東方貿易のルートに乗り、中近東やインドに伝わると、そこからオスマン帝国の領土拡大にしたがって陸路を西に引き返していった。

一五三八年、オスマン帝国は、インド西部グジャラート州沖合の島ディーウにあったポルトガルのインド前哨地を、短い期間ではあったが包囲している。パプリカは、オスマン帝国のこのルートを使って帝国内をたどっていき、バルカン半島の回廊地帯を北西に進んで中央ヨーロッパに入ると、ブルガリアを通過してさらにハンガリーへと向かった。おそらくハンガリーには、ブルガリアから移り住んだ牛飼いの手によって持ち込まれて栽培されるようになったのだろう。

パプリカとハンガリー料理は切っても切れない関係となり、パプリカはこの国の伝統料理であるグヤーシュ（イギリスではグーレッシュと呼ばれる）にほのかに甘く、スモーキーな辛味を添え、十九世紀になるとハンガリーの多くの人々に食べられるようになった。ナポレオン戦争が終わると、ハンガリーでは愛国主義の気運が高まり、パプリカは国民食として社会的にも大きく受け入れられていった。グヤーシュという料理は、おそらくハンガリーの南に広がる草原で働く牛飼いが作ったといわれている。裸火に大鍋をかざして作っていたスープに、たまにしか使えない黒コショウではなく、地元の菜園でとれたトウガラシを干して粗挽きにしたものを試しに入れてみたのだ。

ハンガリーのパプリカが変わっているのは、よその土地のトウガラシ料理とは逆の流れをたどってきた点で、年月とともに実の辛さを増していくのではなく、むしろその味は徐々に穏やかなものに変わっていった。一九二〇年代になると、とくに糖度が高く、さらに穏やかな品種がとりわけ栽培されるようになり、また、機械を使って実を割き、種子とともに、辛味成分を最も多く含んだ胎座が取り分けられるようになった。その結果、ハンガリーでは最も穏やかな品種の粉末——鮮紅色をしたエデシュネーメッシュ——がいちばん洗練されたパプリカとなった。激辛好きは、最も辛いパプリカとして深い茶褐色をしたエリョスを選ぶことができる。南部に広がるハンガリー大平原の都市セゲドとカロチャがパプリカの二大生産地だ。

トウガラシをパプリカに改良する試みは、一七八〇年代になってようやく始まり、ペスト大学で計画的な栽培が行われたが、すでにこのころになると小作農や中間階級の台所では広く食べられるようになっていた。標本採取のために一七九五年にハンガリーに立ち寄ったドイツの植物学者フォン・ホフマンゼック伯爵は、かの地の名物料理を心から堪能し、「肉のパプリカ添え、ハンガリー料理は掛け値なしに気に入った」[2]とドイツの妻に手紙を書いていたほどだった。簡にして要を得たこのお墨付きは、ハンガリーのみならずドイツにおいても、パプリカ料理を貴人たちが口にする美食に押し上げるうえで十分な効果があった。

一八七九年には、フランス料理の大立者ジョルジュ＝オーギュスト・エスコフィエがセゲド産のパプリカを輸入し始め、自身でアレンジしたハンガリー料理の調味に使うようになると、パプリカはフランスの高級料理の食材というイメージを一躍得ることになった[3]。エスコフィエがモンテカルロに移り、グランド・ホテルの料理長を務めていた一八八〇年代、エスコフィエは研究に研究を重ねたグヤーシュとパプリカチキン《プーレ・オ・パプリカ》をホテルのメニューに加えた。パプリカチキンは、フランスの料理辞典に乗るほどよく知られる料理になり、一九〇〇年のパリ万国博覧会で主役を演じたほどだった。また、エスコフィエのグヤーシュのレシピは、時代を画した一九〇三年の彼の名著『エスコフィエ　フランス料理』（柴田書店）に、世界的な基準料理として掲載され、それにふさわしい地位を得ることになった。

グヤーシュやプルクルトといった肉のスープや肉のシチュー、またクリーミーなパプリカチキン《パプリカーシュ》だけではなく、川魚を使った漁師料理のハラースレーにもパプリカは欠かせない。ハラースレーは魚のブロスケチャップのような赤い色をたたえたスープで、コイやカワカマスやパーチの切り身がごろりと入っている。辛みの強いパプリカが使われており、中央ヨーロッパの伝統料理のなかで最も辛いのがこのスープかもしれない。焼けるような辛さを鎮めるため、たくさんのパンをいっしょに食べ、飲み物としてリースリング種の白ワインを炭酸で割ったスプリッツァーが添えられている。華やいだクリスマスシーズンの幕開けを告げる料理である。

世界的な激辛ブームのせいで、ますます激しい辛さが求められるようになり、ハンガリーの市場にも調味料や食材として、チューブ入りの赤トウガラシのペーストが大いに出回るようになり、そのなかにはトウガラシの種をふんだんに使った製品もある。こうした調味料は煮込み料理の味付けに使われたり、パンにつけたりしてよく食べられている。ハンガリーばかりか、この国の東で国境を接するウクライナにまで広がり、パプリカチキンやハラースレー風の料理はルーマニアでも目にするようになった。

パプリカは、ハンガリーからドイツとオーストリアに伝わり、パプリカ・シュニツェルのような料理に、奥行きのあるほどよい辛さを添える食材として使われるようになった。この料理は、以前から食べられていたツィゴイナー・シュニッツェル（カツレツ《シュニッツェル》）を穏やかにしたもので、叩いて柔らかくした子牛や豚の肉を油で揚げたものを、ピーマン、トマトペースト、玉ネギ、パプリカで作った真っ赤なソースで煮た、いわばドイツやオーストリアのグヤーシュだ。肉の代わりにパン粉が使われることもある。パプリカ・ヘンドルはウィーン風のパプリカチキンで、旧ハンガリー領だったブルゲンラント州を経て、隣国ハンガリーから受け継いだ。甘いパプリカとハーブで香りづけした赤ピーマンの実とトマトペーストで作った豊かな香りの濃厚なソースがかかっている。シュペッツレ〔パスタに似た卵麵〕とサラダといっしょに食べるのが一般的だ。

デビルドエッグは固茹での卵を縦半分に切り、取り出した黄身をチーズ風味のマヨネーズとパプリカであえ、白身に盛りつけた料理である。ピリッとした辛さがほしい寒い日にはチリソースを数滴加えることもある。「デビルド」(deviled：「辛い味付け」)というイギリス英語の慣用語は、香辛料としての辛さは控え目ながら、パプリカの真っ赤な色をした悪魔のような見た目に由来している。頻繁に食べられているドイツでは、デビルドエッグではなく、異国風にロシアンエッグとか、あるいは単にスタッフドエッグと呼ばれている。オーストリアでは、リプタウアーというパンに塗るスプレッドでもパプリカが主役として使われている(もともとはスロバキアのリフトプ地方の料理だった。この地方はのちにオーストリア＝ハンガリー帝国に編入される)。色の薄いチーズに玉ネギとパプリカを混ぜたもので、オープンサンドやクリスプブレッドにトッピングする。ホイリゲと呼ばれるワイン酒場では、発酵が始まり、うっすら濁った新酒の白ワインといっしょに楽しめる手軽な料理として食べられている。

トウガラシを研究するデイヴ・ドゥヴィットによれば、印字されたパプリカのレシピが初めてヨーロッパに登場するのは、一八一七年にウィーンで刊行された『料理大全：理論と実践』という本だという。この本はF・G・ツェンカーによって書かれた。ツェンカーは料理人として、オーストリアの陸軍元帥でシュヴァルツェンベルク家の皇子カール・フィリップに仕えた人物だ。中央ヨーロッパの古い料理にはなかったパプリカは、まさに唐突という言葉にふさわしく、「インド風チキン・フリカッセ」に出てくる。(4) 一八一七年の時点では、パプリカの扱いはごくわずかにとどまり、インド料理が幅を利かせ、大いにもてはやされていた。だが、このようにして書物に記載されることで、パプリカがドイツの上流階級《オーバーシヒト》の料理のレパートリーに取り込まれる道が開かれていった。

ロシアのトウガラシ

ヨーロッパでもさらに北方の国となると、トウガラシの普及にも限りがある状態が長く続いた。たとえば、スカンジナビアの伝統料理にはほとんど入り込めなかった。中近東との交易ルートに近かったことから、旧ソ連圏の中央アジアの共和国には普及したが、ヨーロッパロシア〔いわゆる欧露のことで、ウラル山脈以西のロシア連邦〕ではおそるおそる料理に取り込まれていった。パプリカも伝わったが利用は本当に限られている。トウガラシは、ロシアやウクライナで食べられるソリャンカなどの肉の多いスープ、さいの目に切った生野菜のドレッシングの具材に使われているが、ビーフストロガノフのソースにも使えそうだし、マスタードが使われるような辛い料理なら、マスタードよりも辛いトウガラシの味は好まれそうだ。

ロシアの極東地域には、十九世紀後半から二十世紀前半にかけて、朝鮮半島の人々が大挙して移り住むようになった。この移住で朝鮮半島の野菜料理や食材、とくにキムチがロシア人のあいだでも好んで食べられるようになった。もっとも、韓国人フードライターのチャンズー・ソンが「ジャーナル・オブ・エスニックフード」誌に寄せた記事によると、「(ロシアの)キムチに使われた粉トウガラシは、韓国のキムチに比べて分量が少なく、したがって辛味にも乏しい」[5]という。皇帝《ツァーリ》時代に繰り広げられた美味への礼賛——上流階級の流儀はこの点において小作農や農奴の食習慣と区別された——は、つまるところ、すでに完成していたフランスの高級料理《オート・キュイジーヌ》の単なる追従にすぎなかった。この礼賛を通じてロシア人の味覚は、口中を圧倒し、身もだえするほど辛くて粗野なトウガラシを、素直に受け入れることはできなくなっていたのだ。

トウガラシが料理の代わりに見つけた活路がウォツカの香りづけだった。香辛料のフレーバーを利かせたウォッカ（ペッパーウォッカ）の正確な発祥については皆目見当がつかないが、ピョートル大帝ことピョートル一世（在位一六八二〜一七二五年）が、濾過と蒸溜を徹底させたウォツカに黒コショウを調合して飲んだという記録が残されている。ウォツカを香り付けする伝統は多く、悪臭や雑味の多い蒸留、あるいは未蒸留の成分を残したウォツカを、香り高い別の素材で隠すためにこの技法が用いられるようになった。

ペルツォフカと呼ばれるロシアのペッパーウォツカは、ウクライナに伝わってここで伝統として根づいた。ウクライナでは、香りづけしたウォツカをホリールカといい、そのひとつホリールカ・スポルツュム（チリ・ウォツカ）には、一個から二個の丸のままのトウガラシが瓶のなかで泳いでいる。ポーランドでは、このスタイルのウォツカはペプシュースカとして知られている。ウォツカにはたいてい、トウガラシ、黒コショウの粒、コショウやキューベブ（インドネシア産の黒コショウの近縁種で、種子に小さな尻尾がついているのでコショウと区別できる）の精油に漬けたパプリカという、複雑に配合されたスパイスが入っている。このペッパーウォッカをベースにしてブラッディ・マリーを作れば、迎え酒であるこのカクテルも味が一変する。

トウガラシ料理を生み出せなかったイギリス

ヨーロッパ北方の多くの国でトウガラシが受け入れられなかったように、イギリスでもトウガラシは採用されず、国民食として根づくことはなかった。だが現在、さまざまな専門レベルに及ぶトウガラシ祭りが一年中開催されるなど、こうした流れを受けて、刺激的な料理に対する評価は飛躍的に高まり、支持する者もたくさんいる。

しかし、イギリス人にとってトウガラシは、この国の人間が抱いている食のイメージに彩られた、多種多様な海外の料理のひとつとして、ある種の既製品のような、いわば選び放題の食体験として消費されている。こうした食体験のなかには、幅広く好まれているインド料理や、大きなブームになりつつあるタイ料理や東南アジア料理のほか、辛味の利いた中華料理やテクス・メクス料理〔メキシコ風のアメリカ料理〕などがある。だが、テクス・メクス料理については、レストランで食べている料理は、正真正銘のメキシコ料理という誤解がいまだにはびこっている。

チリコンカンはイギリスの家庭でもさかんに食べられているが、材料は決まって缶詰の赤インゲン豆、刻んだ赤ピーマンもしくは青ピーマン、缶詰のトマトだ。缶詰のトマトの汁はビーフストックを煮詰める際によく使われている。ここ数年、使われるチリパウダーの辛味強度が高まり、標準的な粉トウガラシではなく（アメリカではミックススパイスのほうが使われているが、イギリスでは混じり気のない粉トウガラシのほうが一般的）、乾燥トウガラシをそのまま粗挽きにしたトウガラシ、食品庫に満載された香辛料のペーストへと変わった。食品庫にはアメリカ風のチポトレから、北アフリカのトウガラシペーストであるハリッサのような調味料までそろっている。

料理番組に出てくるシェフやフードライターは、家庭でも大胆なチリコンカン作りにぜひ挑んでみるべきだとそそのかし、苦いダークチョコレートやコーヒー、飾りつけにはアボカドやラディッシュの薄切りなどを加えてみることを勧める。私の手元にあるレシピは、バーベキューソースを入れた鍋にベークドした缶詰の豆を投入せよと勧めているが、その味については言わぬが花としておこう。

チリパウダーが手軽に利用できる以前、イギリスの家庭のスパイスラックには、辛味用として穏やかなパプリカやカイエン・ペッパーがたいてい置かれ、激しい辛味の香辛料はなかった。ヴィクトリア朝時代に手引書として読まれたイザベラ・ビートン夫人の『家政読本』（一八六一年）には、「イングリッシュ・チリ」と呼ばれる謎の食べ物が記されている。割いたトウガラシの実五〇個を半リットルの酢に漬けると、跳び上がらんばかりの辛いサラダドレッシングができあがるとあるが、禁欲的なヴィクトリア朝時代に栽培されていた品種なら、スコビル値はだいぶ低いトウガラシではないかと考えてしまう。

デビルドエッグのような風変わりな料理はともかく、また、現在ではトウガラシ入りソーセージのロールパンや東アジア風のトウガラシソースがスーパーマーケットでも当たり前のように売られているにせよ、イギリス料理には、トウガラシをレパートリーに取り入れる必要はないと感じたのだ。その点がイギリス以外の国で起きたこととは異なる。イギリスが世界のワイン貿易の要であるように、この国の料理習慣にもイギリスの置かれた地位が反映している。気候条件を主な理由に、イギリスでは何世紀にもわたって、評価に値するワインを自国で生産できなかった。その結果、イギリスはワインの輸入国となり、世界のいたる土地のワインについて過剰なほど精通するようになった。同じことが料理にもこれまで起きてきた。

トウガラシの使い方について、インドやタイ、メキシコやテキサスがすでに十分に精通しているのなら、イギリスは彼らの料理をただ食べ続け、ひたすらその味を堪能するだけでいいのだ。

第8章◉テキサスのチリとチリ・クイーン《ボウル・オ・レッド》——アメリカのトウガラシ

ヨーロッパからもたらされた料理術

初期の北アメリカの料理の歴史には、さまざまな料理の伝統が刻み込まれている。これはそれぞれの背景を抱えて大西洋を渡ったヨーロッパの入植者がもたらした伝統のせいである。明らかにイギリス料理だと思われる系譜は、エリザ・スミスの『完璧なる主婦』（一七二七年）とハナー・グラスの『簡単明瞭な料理術』（一七四七年）などのイギリスで刊行された本が広く読まれていた点にうかがえる。これらの本は本国につながる経路であり、紹介されていたのはイギリスの貴族料理に連なるものだったが、それらの料理を平民に向け、中流世帯の厨房要具を使って作ることが理屈に基づいて説かれていた。

ダグラスの『簡単明瞭な料理術』は、ジョージ・ワシントンやトーマス・ジェファーソン、ベンジャミン・フランクリンの家のキッチンにも置かれていた。その料理観はアングロサクソン流の節約と無駄のなさに重きが置かれている——この本の第三章の表題は「この章を読めば、フランス料理のソースがいかに高価なのかがわかる」というものだ。とはいうものの、ひらめきの命じるまま、この本でもフランスの高級料理ばりの華美な料理にページが割かれ、ドーブ（牛肉や野菜をワインで長時間煮込んだシチュー）やトリュフ入りソース、フランスパンのレシピが書かれている。その一方で、インド風チキンカレーの作り方が掲載され、ショウガやターメリック、コショウなどが控え目な分量で使われているが、トウガラシのような激しい香辛料はまったく見当たらない。

『簡単明瞭な料理術』のアメリカ版は一八〇五年に刊行された。その数年前には、アメリカならではの料理をはじめて掲載した本として広く認められている、アメリア・シモンズの『アメリカの料理術』（一七九六年）が出版されている。『アメリカの料理術』は明らかにイギリスの料理書の流れを汲むものだが、シモンズはニューイングランドや東海岸の季節の素材を使った伝統料理の多数のレシピをたんねんにまとめていた。ローストターキーのクランベリー添えなどのような料理の調理法がはじめて書かれていたほか、コーンミールで焼いたトウモロコシパン《ジョニーケーキ》、インディアン・プディング、インディアン・スラップジャック〔トウモロコシのパンケーキ〕などが紹介されていた。人目を引く料理として、亀や子牛の肉のドレッシングや牛モモ肉のア・ラ・モードなどがあり、いずれもたっぷりの赤トウガラシで味付けされており、アメリカ料理では、コショウよりもさらに辛味が利いた味が求められていたことをうかがわせる嚆矢のようなレシピだった。

十九世紀になってイギリス人のウィリアム・キッチンナーが書いた『アピキウスふたたび、もしくは料理をめぐる神託』[1]（一八一七年）が大西洋をまたいでニューヨークでも刊行されると、一八三〇年には「大勢のアメリカ国民に読まれた」という。肉や魚に無謀とも思えるほどの風味を加え、味付けをすることが説かれていた。今日の食品科学で〝ウマミ〟として知られる成分、つまり濃縮された風味に左右される味の基本要素を引き立てるためだ。冷たい肉や魚、サラダにかけるピリリと辛いソースといえばコクのあるマヨネーズだが、たとえば〝キノコのケチャップ〟やホースラディシュ、ケイパー、カイエン・ペッパーを足すと味が一気に引き立つ。グリルした肉の万能ソースに、「少量のチリビネガー、もしくは少量のカイエン・ペッパーの粉末」を使うと味がいっそう際立つ。

この本では、酸化鉛で赤く色づければ品質に劣る色あせた赤トウガラシはごまかせる点を警告し、新鮮なトウガラシを手に入れるために自分で栽培することが提唱されていた。「トウガラシのヘタを取り除き、実をザルに入れたら火の前に置く。水気が完全に抜けるまで一二時間そのままにしておく。トウガラシをすり鉢に移し、その四分一の量の塩を加えて粉々につぶす。できるだけ細かくなるようにたんねんにすりつぶしたのち、密封できる瓶に移す」とある。さらに根っからのトウガラシ好きのためにトウガラシ酒のレシピが記されていた。五〇個ほどの新鮮な赤トウガラシを半パイント（約二八〇ミリリットル）のブランデーかボルドーの赤ワイン《クラレット》、もしくは白ワインに漬け込んだもので、スープやソースに加えれば、たちどころに豊かな味わいを添えられる。

アメリカ南部とメキシコ料理

ケチャップと呼ばれたソースには「catchup」「catsup」「ketchup」などの綴りがある。北アメリカの料理にスペインの影響が及び、やがてトマトケチャップが作られるようになると、メキシコが原産地のトウガラシと結びついて徐々に辛さを増していき、ついには辛いトマトソースが作られるようになった。トマトがいつ北アメリカに渡ってきたのかについては正確にはわかっていないが、おそらく十七世紀後半に英領西インド諸島からアメリカ南部に持ち込まれ、アメリカの料理用語のひとつとして溶け込んでいったようだ。独立戦争《レヴォリューション》のころには南北カロライナでも広く栽培されるようになっていたが、ほかの多くの人たちはトマトを食べようとはしなかった。ヨーロッパでは〝ラブアップル〟というロマンチックな名前で人気があったが、アメリカではトマトには毒があると大勢の人たちが考え、その見た目にだまされてはいけないと思い込んでいた人たちもいた。

いまだ未入植だったアメリカ南西部などの地域はこれとは対照的だった。中西部の大平原《グレート・プレーンズ》やロッキー山脈で働く牧場主、牧場の作業員、カウボーイたちは、メキシコの牧者《ヴァケーロ》の伝統や彼らの生活の流儀の大半を引き継いでいた。十九世紀中頃になると、イギリス系とフランス系の移民の子孫は、ミシシッピ川以西の土地へと向かい始め、のちにテキサスやカリフォルニアと呼ばれるメキシコ北部に入植していたスペイン系やクリオーロと呼ばれる中南米生まれのスペイン人との混血が始まった。

現在、アメリカの南部諸州とされる地域には、はるか昔の先史時代、鳥によってトウガラシの種がすでに拡散されていた。一六〇〇年代前半ごろになるとアメリカの先住民もトウガラシを栽培するようになり、彼らの交換経済にとって欠かせない作物になっていた。アリゾナ州やテキサス州南部では、チルテピンあるいはチリピキンで知られるベリーによく似たトウガラシの自生種がいまでも目にできる。アメリカの礎《いしずえ》を築いた入植者の多くが、自宅菜園でトウガラシを植えていた。その種子はメキシコから持ち込まれたものだったが、実を食べるためというより、当初のヨーロッパ人の多くがそうだったように、もっぱら鑑賞のためにトウガラシを植えていた。

チレス・レジェノス（トウガラシの肉詰め）として、トウガラシがアメリカ料理に大々的に取り込まれるのは十九世紀後半になってからである。作り方は各人各様だが、どれにも共通するのは、丸のままのトウガラシから種と胎座を抜き取り、そのなかに香辛料を鮮やかに利かせた風味豊かな具を詰め、ローストしたり、熱したラードでフライにしたりする点だ。普通は衣をつけて油で揚げ、具材として、さいの目に切った肉、トマト、米のほか、小ぶりなドライフルーツが使われることも多い。中サイズの青ピーマンに限るというレシピもあるが、本場メキシコのプエブラのレジェノスでは、ポブラノ（78ページ参照）が使われている。青い実のポブラノは比較的穏やかな辛さだが、熟して赤くなるとかなり辛くなる。メキシコ北方の国境地帯で作られるレジェノスの場合、チーズが使われている。焼いて皮にぷっくりと気泡ができたハラペーニョから出てくるのは、とろけたモントレー・ジャック〔カリフォルニア州モントレーが発祥のナチュラルチーズ〕とだいたい相場が決まっている。

メキシコ料理の影響は、テクス・メクス料理として、アメリカ南部の各州の食習慣に深く行き渡り、やがて西半球屈指の料理の融合を生み出す。テクス・メクス料理は、のちに世界中に認められるようになる料理である。テキサス州が本場だが、カリフォルニア州、ニューメキシコ州、アリゾナ州でも作られている。古くから伝わる料理――ことに屋台料理に顕著――には、たとえばパリッと揚げたタコス、ファヒータ、ナチョスなどは、これまでメキシコ生まれだとずっと信じられてきた。だが、これらの料理はメキシコ料理ではなく、実はアメリカで独自に編み出された料理だったのである。さらに、メキシコ料理に由来する、アメリカならではの調理や付け合わせも少なくない。とろけるチーズをふんだんに使うのは、なんといってもテキサス流だ。メキシコ料理で使われているのは塩気のあるドライチーズで、アネホのようにあらかじめ粉にした状態で市販され、エンチラーダやフリホーレス・レフリートスに振りかけて食べる。

だが、テクス・メクス料理はそうではない。ドロリと溶けてブクブクと泡立つモントレー・ジャックやヴェルビータ社のチーズ、あるいはチェダーチーズを使い、スパイシーな肉料理に濃厚なコクを加えるなど、料理にこれでもかというぐらいチーズを使ってベタベタにするのがテクス・メクス料理の真骨頂だ。黒豆以外のインゲン豆やライ豆、赤インゲン豆などの豆も、同じようにもっぱらアメリカ人が食べている。クミンはテキサス料理ならではのスパイスのひとつだが、メキシコ料理ではほとんど使われない。テキサスのフードライター、ロブ・ウォルシュによると、クミンは十八世紀、スペイン領カナリア諸島出身の入植者の手によって、テキサス州のサンアントニオに持ち込まれたという。

チリパウダーの登場

チリパウダー（チリミックス）もスパイスラックの定番香辛料のひとつで、その原型は一八九〇年代にサンアントニオ近郊の町ニューブローンフェルズでレストランを経営するドイツ移民のウィリアム・ゲープハルトが発案したといわれている。ゲープハルトは、友人が経営するサロンバー、フェニックス・カフェのために配膳サービスを請け負っていた。この店では気晴らしとしてアナグマ同士を闘わせて客を喜ばせていたほか、入り口脇の止まり木にはオウムが目を光らせ、店を出て行く常連に向かい、「勘定はすませたのか」とドイツ語で横柄な声をあげていた。

トウガラシを使ったゲープハルトの料理は町の人気を博したが、あくまでも季節料理に限られていた。トウガラシが手に入るのは、地元の収穫期の夏の数カ月でしかなかった。一年を通して辛い料理を提供するため、ゲープハルトはメキシコからトウガラシを取り寄せていたが、産地のサン・ルイス・ポトシはニューブローンフェルズから南に五〇〇マイル（八〇〇キロ）も離れていた。しかし問題は、そのまま食料庫に置いてもできるだけかさばらず、一年間保存させておく方法だった。

最初に考えたのはトウガラシを何度か肉挽き器にかけてみることだったが、間もなくこの方法は、材料の配合を複雑にした方法に取って代わられた。アルコール溶液に漬けた乾燥トウガラシ、クミン、ニンニク、オレガノ、黒コショウをペースト状につぶし、加熱して乾燥させたのちコーヒーミルにかけてしあげる。レストランの厨房で役立つだけではなく、小瓶に小分けてして販売することもできた。

ゲープハルトは「ゲープハルトのイーグルブランド・チリパウダー」という名前で販売した。この商品は一八九九年に商標登録されたが、のちにゲープハルトは、「タンピコ・ダスト」という呼びやすい名前に変えている。

ゲープハルトはスパイスを馬車のうしろに積み、サンアントニオの通りを練り歩くという、昔ながらの西部の流儀で売り始めたが、十九世紀の終わりごろには、町の工場で大量生産するほどまでになっていた。さらに第一次世界大戦のころには、日産一万八〇〇〇本にまで達し、その生産量はアメリカに輸入されるトウガラシの九〇パーセントに相当した。ゲープハルトは「メキシコ料理をアメリカの家庭で」と題された小冊子を一九二三年に書いている。そもそも販売促進用に書かれたものだったが、その意図とは裏腹に愛読者を得て、一九五〇年代まで刷り続けられた。ゲープハルトは一九五六年まで生き長らえ、その間、何度も億万長者になることができた。会社が大手にのみ込まれたあとも、「ゲープハルト」というブランドは長く続き、現在にいたっている。チリパウダーはいまもまだゲープハルトが考案したそもそもの配合をもとにして作られている。

チリパウダーの考案者だと主張するもう一人の歴史的な人物がドゥヴィット・クリントン・ペンダリーで、彼が創設した一族会社はいまも健在だ。ペンダリーがテキサス州のフォートワースや近辺のレストランやホテルに、独自にブレンドしたスパイス「チリトマリン」を売り始めたのは一八九〇年ごろである。チリトマリンも粉末トウガラシ、クミン、オレガノなどのスパイスを配合していたが、ニンニクは使っていなかった。また、販売に際してペンダリーは、ゲープハルトのスパイスよりも体によい点を訴えていた。「辛いトウガラシが健康に授ける長所は他に例を見ない。トウガラシは消化管を刺激して胃腸の働きを整え、食欲をおのずと駆り立て、腎臓や皮膚、リンパ管の活動を促して健康を増進させることができる[2]」

食物史家のレイチェル・ローダンは、「西洋の多くの国がトウガラシを理解するうえで、チリパウダーの使い方は決定的な影響を与えてきた」と説いている。メキシコ人はトウガラシの実をつぶし、乾燥させた実を水で戻してから食べるのを好むが、そうすることで既成品の粉末トウガラシより、豊かで立体的なトウガラシの風味が生まれる。西洋の人間がカレー粉を使う場合にも、いくぶんこれに通じる点がうかがえる。カレー作りの場合、本場のインド料理の手順では、ドライスパイスは、あぶって挽いたばかりのものをブレンドし、さらにこのスパイスで澄ました油脂に香りをつけることから始めるので、調理に先立つ手順の違いはさらにはっきりしている。

こうしたスパイスの使い方とは対照的に、チリパウダーの場合、それ自体がひとつの食材ではなく、あくまでも調味料としてテクス・メクス料理をはじめとするアメリカ料理やヨーロッパのスパイシーな料理に使われている。メソアメリカ時代の料理の交流と歴史的な影響について述べた部分で、レイチェル・ローダンは、「トウガラシに関して知りえたことの大半はなおざりにされてきた。大半の地域（おそらく北アフリカを除き）で、乾燥トウガラシを水で戻して実を割き、裏ごし《ピューレ》してソースが作られることはなかった。トウガラシが料理に加える色と食感、果実のような味わいをもとに、その料理が正当に評価されることはなかったのだ。ソースとして量が食べられないので、料理によるビタミンCの摂取量はきわめて限られていた[3]」

チリコンカンはテキサスのソウルフード

そもそも、原産地の中南米から遠く離れた国では、トウガラシが持つ辛さの、花火にも似た一瞬の華やかさが尊重されてきた。だが、こうした評価は、トウガラシの栄養や使い勝手のよさという、トウガラシが本来持っている完全性が犠牲にされたうえに成り立っていた。この役割の変化——それが起きた地域において——とは、トウガラシの評価とほかの食文化への普及の点において、トウガラシが歴史的な転換点を迎えていたことを物語っている。これについては、チリコンカンという注目の話題について見てみるとよくわかるだろう。

一九七七年、テキサス州議会はチリコンカンを「州の料理」にすると宣言した。チリコンカン——「チリ」の略称で世界中に知られる——は、カウボーイの携帯食として十九世紀中頃に誕生したといわれている。この説を提唱するエヴェレッテ・リー・デゴライヤーは、テキサスの石油の研究者として知られる人物だが、アメリカ南西部に関する熱心な歴史家でもある。デゴリエルが発表した論文には、一八五〇年ごろの南西部の大草原では、炊事用の馬車が巡回し、簡単な食事を提供していたことが書かれている。

その食事は、挽いた牛肉を脂肪やオレガノ、トウガラシと混ぜ合わせ、長方形の厚板状に形を整えたもので、「チリ・ブリック」（トウガラシのレンガ）の名前で知られていた。「これは南西部のペミカンである」とデゴリエルは言う。ペミカンは干し肉と脂肪と果実を混ぜて作った先住民の保存食だ。保存食が欠かせない長旅で、チリ・ブロックは重宝され、たき火でわかした湯で戻して食べられていた。牛を連れた長旅で食べるには、栄養満点で肉が多く、食べごたえも十分にあった。

チリコンカンの出自をめぐる別の説には、一八三〇年代、現在のテキサスで、メキシコ軍などの兵隊について移動していた洗濯女《ラヴァンデラ》が考えついたという説がある。この説によれば、使われていたのは牛肉ではなく、どうやら鹿やあるいは山羊の肉だった可能性が高い。トウガラシが使われていた点は同じで、夜ごと火のように辛く味付けされて料理を盛っていた桶は、昼のあいだは洗濯に使われていた。オレガノの代わりに、女たちは野原に咲く同じシソ科のマジョラムを材料にしていたようだ。

ボブ・ウォルシュが唱える説には説得力がある。チリコンカルネというこの料理のスペイン語の名前から判断すると、十八世紀のころ、富と土地と権利を求めてサンアントニオに来たスペインの入植者のあいだで発祥した可能性がきわめて高いという(4)。料理に使われている材料のクミンは、南西部の地元料理とはまったく縁がない素材で、そもそも中西部の料理に使われていた。アメリカにはおそらく、母国の料理ですでに幅広く使われていたスペイン人の手によって持ち込まれたのだろう。ウォルシュの説によれば、チリコンカンに使われるトマトの出自も明らかにできそうだ。大草原のチリ・ブリック説のレシピには、トマトを使ったものは存在しないようだが、トマトもまたイベリア半島から移民とともにアメリカに運ばれてきたのは明らかだ。昨今、テキサスの伝統を第一と考える者は、チリコンカンはスペインに由来するという説に敵意を隠そうともせず、トマトを使ってないチリこそ本物のチリだと言い張っている。

トマトもさることながら、いまでは当然のように使われている材料でありながら、本来のチリになかった食材が赤インゲン豆で、それどころかいわゆる豆類すべてがそうである。チリコンカンの材料として、印刷されたレシピの材料に豆が現れるのは一九二〇年代のことで、おそらく、幌馬車隊の料理に牧場労働者の好物である豚肉と豆が結びついて使われるようになったのだろう。正真正銘のチリコンカンの材料は何かという論争以上にもめているテーマが、豆類はいつからレシピに加えられたのかという疑問で、トウガラシの使用とともに論争の火種になっている。二〇一五年二月の「ナショナル・ジオグラフィック」に掲載された記事のなかで、レベッカ・ラップは次のように記している。

一九七六年のワールド・チリ選手権は、ユト族出身のルディ・バルデスが優勝した。優勝した先住民のチリのレシピは、二〇〇〇年以上も昔のものだとバルスは語った。彼の話では、そもそもチリは、「馬あるいは鹿の肉、トウガラシ、膝丈までしか成長しないトウモロコシの挽きわり粉で作られていた」。そう言うと彼は「豆は使われていなかった」と念を押すようにつけ加えた。

はるか大昔の話ではあるが、このレシピには豆は使われていなかった。スーパーマーケットに並ぶチリコンカンには、これ見よがしに赤インゲン豆、白インゲン豆がびっしり入っているようだが、自宅で作るチリコンカンで迷ったら、入れないほうがいいだろう。テキサス州お墨付きのチリコンカンのレシピにも豆は使われていない。

チリコンカンを憎むメキシコ人

チリコンカンに使われるトウガラシの起源について、ヘザー・アーント・アンダーソンはさまざまな説にひるむことなく、「文化の一貫性はともかく、チリコンカンはテキサスのラテン系アメリカ人《ラティーノ》が十九世紀中頃に考え出し、〝大西部〟と開拓時代の辺境の生活について記された記録とともに、アメリカ合衆国に広がっていった」(6)と明言している。アメリカ陸軍軍曹のS・コンプトン・スミスが、米墨戦争について一八五七年に書いた『チリコンカンもしくは野営と戦場について』というそのものズバリの表題の本には、歴史的に貴重な事実がきっと書かれているはずだ。この本は、アメリカのテキサス併合が原因で起きた戦争から一〇年後に刊行された。コンプトンが目にした、「よく食べられているメキシコ料理で、赤トウガラシと肉を使っているようだ」と記した料理とは、もちろんラテンアメリカ起源である可能性はきわめて高い(7)。

しかし、忘れてならないのは、異なる食文化に移植された多くの料理がそうであるように、この料理も新天地に取り込まれると、直後から独自に作り直されていった。フードライターのアンドリュー・スミスが指摘するように、「コンプトン・スミスが言っていた料理は、メキシコ北部とアメリカの南西部一帯で食べられていたらしい。だが、この料理の名前そのものはアメリカ人が考えた言葉だった(8)」。実際、この料理の「チリコンカルネ」という名前をスペイン語の点から考えてみると、エスニック料理としての信憑性には乏しい。この料理のもうひとつのスペイン語名「カルネ・コン・チレ」を検討してみると、もっとはっきりする。「カルネ・コン・チレ」、つまり「トウガラシ入りの肉」であって、「肉入りトウガラシ」ではない。「肉入りトウガラシ」なら、メインはトウガラシで、肉は自由に選べる副次的な材料の位置づけだ。そして、チリコンカンは肉入りのトウガラシ料理である。チリコンカンというスペイン語風の名前そのものが、テキサスで編み出されたのはまずまちがいないだろう。

赤身の肉をトウガラシや他の香辛料で煮込んだ料理は、その料理がなんと呼ばれたかにかかわりなく、やがて領土戦争へと続く物騒な時代には、強壮を養ううえでまぎれもなく定番の料理だった。米墨戦争の宣戦布告一年前の一八四五年、ニューヨークのある新聞記者が一触即発の最前線を訪れた。この記者が培ってきた古典的教養と北部の作法はここで徹底的に打ちのめされる。陸軍の士官と食事をともにしたときだ。「大佐の世話をするメキシコの女性が食事を運んできた。最前線の食事は、食欲という名のソースがかかった牛肉、油で揚げたギトギトの豚肉、赤トウガラシ（チリ）で口が火傷しそうなほど味付けされている。のどに残った辛さを鎮めるため、ミルクとトルテリア《ママ》というメキシコの薄いケーキが添えられている」[9]。この料理は明らかにチリコンカンそのものである。この時代からすでに、水を頻繁に飲んで口の痛みを鎮めるより、牛乳のほうが効果的という画期的な考えに通じていた点も見逃せない。

かりにチリコンカンが遠くメキシコの伝統食に端を発していたとしても、誇り高きメキシコ人は、テキサスのチリコンカンが自分たちに関係がある料理だとはまったく思っていない。食べ物というものは、隣国同士が覚える反感を示す方法として使われる場合が少なくない。よその国の食べ物について、「連中は見るもおぞましいものを口にしている」と言うことほど、相手を侮蔑し、貶める表現はないだろう。チリコンカンは自分たちの料理ではないというメキシコ人の思いは、二十世紀に抜きがたいレベルに達し、その思いは今日にいたるまで頑として変わっていない。フランシスコ・サンタマリアは、『アメリカニズムに関する一般辞典』（一九四二年）で、チリコンカンについて、「メキシコ料理を詐称する忌まわしい食べ物、テキサスからニューヨークにかけてアメリカで売られている」[10]と言い放っている。

メキシコ人が抱くこのいまいましい思いは、国境を越え、チリコンカンがさらに北へと向かうにつれて、ますます激しさを募らせていったのかもしれない。料理が広まるにつれ、その途上で豆が加えられていった。こうした変化のひとつとして、シンシナティ風のバリエーションもあげられるだろう。シンシナティ風のチリコンカンには、豆が使われ、スパゲッティのうえにかけられている。シンシナティ風はマケドニア移民のレストラン経営者キラジエフ兄弟が一九二二年に作り出したレシピだ。この町のヴァイン通りに立つ、エンプレス劇場の隣のホットドッグ店でそもそも売られていた。いまではシンシナティの傑出した伝統料理になっている。

露天商とチリ・クイーンたち

発祥をめぐり、このようなアメリカが一番を競うような議論を繰り返しても、テキサスのチリコンカンの物語を語るうえでは、「チリ・クイーン」たちにしかるべき敬意を払わなくては話が始まらない。彼女たち敬愛すべきメキシコの女性が、サンアントニオのミリタリープラザでいつごろからチリコンカンを売り始めるようになったのか、正確な時期についてはいまだによくわかっていない。だが、一八八〇年代にはすでに店が立っていたのは確かなので、少なくともその二十年前くらいから商売は始まっていたのだろう。

彼女たちはあでやかな民族衣装に身を包み、屋台でチリコンカンを売っていた。屋台は色とりどりの提灯で飾られた無蓋の荷馬車で、毎日たそがれどきになると通りに姿を現した。メスキートの木を燃やして火に熾《おこ》し、そこに鍋をかざして料理を温めなおすと、通りがかりの客がすぐに食べられる状態で提供していた。それぞれでレシピが異なり、常連客たちはあれこれ食べ比べ、お気に入りのタイプの料理を楽しめた。労働者は、スパイスが利いてボリュームが満点のうえに、誰もが購える金額（値段は平均一〇セントで、これにパンと水がついた）の料理に心から感謝していた。

もっとも、町のお上品な面々は、彼女たち露天商をあからさまに見下し、法律を使って出店を禁じた。だが、その効果もそれほど長くは続かなかった。一八九〇年前半、市長のブライアン・キャラハンはアラモ伝道所周辺に立つ露店を退去させたが、しばらくしないうちに彼女たちはふたたび舞い戻って店を開き、無許可のまま営業を続けた。一九三三年一月に撮影された屋台の写真が残されている。

場所はヘイマーケット広場で、三人の女性が店を切り盛りしており、客の姿も写っている。楽団《マリアッチ》のギターを抱えた少年がいて、屋台で音楽を提供している。カウンターのまわりには人だかりができており、チリ・クイーンの料理をしきりに求めている。この時点で、露店で売る習慣ができてから半世紀がたっている。だが、間もなく第二次世界大戦というころ、間仕切りが設けられたテントでの販売しか認められなくなると、なににもましてこの取り決めによって、さしものチリコンカン販売の人気もかげりが生じ始め、ついには姿を消していくことになった。

サンアントニオでは露店での商売だけではなかった。貧しい者が多く住む町ラレディト地区では、多くの家庭が自宅を食堂に変えてチリコンカンを提供していたという。一八七四年、エドワード・キングという記者が「スクリブナーズ」誌に書いたテキサス観光の記事にはそんな話が載っている。(11) 家のなかには奥行きのある一卓のテーブルと、その両側に長いすが置かれていた。テーブルの上にはボウルとコップがセットされ、明かりは一脚のロウソク台のみなのでなかは薄暗い。土間では鶏たちが静かにしていた。「褐色の肌をした太ったメキシコの女将さんが、豊かな風味に富んだ料理を目の前に差し出してくれる。ヒリヒリと辛いトウガラシは、蛇のように舌に噛みついてくるのでクラクラしてくる。トルティーヤは香ばしいホットケーキで、パンの代わりに食べる。鉋《かんな》の削り屑のように薄くて、とても食べやすい」

自宅を使った料理の提供は、戸外の屋台で料理を売る先駆けだったのだろう。露店で商売したほうが、粗末な自宅で商売に手を出すよりも、たくさんの常連客をつかむ機会は広がったはずだ。こうした露店がやがてチリコンカンの屋台を広げたり、あるいは手軽なレストラン——アメリカにおけるごく初期のメキシカンレストラン——に変わったりしていった。チリコンカンの魅力は社会のあらゆる階級の人たちに訴えるようになり、金持ちも有力者も、町いちばんのいかがわしい地区であっても、貧乏人といっしょになってチリコンカンを食べるようになっていった。

南軍の元軍人ウィリアム・トビンが、アメリカ陸軍へのチリコンカンの納品契約を請け負ったのは一八八二年のことだった。チリコンカンが大衆市場向けに大量生産されるはるか以前の話で、ウィリアム・トビンはこの料理の缶詰を作った最初のアメリカ人となった。トビンが使っていた最初のレシピでは、牛肉ではなく山羊の肉が使われていた。メキシコの洗濯女たちへの敬意からかもしれず、あるいは単純に予算の問題だったのかもしれない。

洗濯女といえば、彼女たちはチリコンカン誕生の説のひとつではなく、むしろこの料理の誕生の物語るうえで、どうしても欠かせない、分かちがたい役割を演じていた。二〇一七年八月の「テキサス・マンスリー」誌の記事で、ジョン・ノヴァ・ロマックスは次のように書いている。「洗濯女《ラヴァンデラ》とチリ・クイーンがまったく同一の女性たちだったことは想像にかたくない。サンアントニオは昔から軍隊が駐屯してきた砦の町——程度の差こそあれ、軍事都市であるのはいまも変わらない——で、平時にはチリ・クイーンたちの生活を支える得意先だったが、いざ進軍のときには、彼女たちも深鍋と浅鍋を手にして軍隊を追って出かけていたはずだと考えても不思議ではないし、まず、それにまちがいはない(12)」

ついにはアメリカの国民食に

一八九三年、チリコンカンはシカゴで開催された万国博覧会で画期的なデビューを果たした。この博覧会は「コロンブス万国博覧会」として知られ、ヨーロッパによるアメリカ大陸発見から四〇〇周年を記念して催された巨大なイベントだった。シリアルの「シレッデッド・ウィート」や「ジューシーフルーツ・チューインガム」と並んで、テキサス州の展示物のひとつとして、「サンアントニオのチリスタンド」が展示されていた。はじめて口にする人たちのあいだでも、チリコンカンはたちまち人気を博したが、辛さに慣れていない舌にトウガラシは跳び上がるようなショックを容赦なく浴びせた。この博覧会が起爆剤となって、チリコンカンはアメリカ北部の諸州にも広がっていき、間もなく料理書にもレシピが掲載されるようになる。さらに具材として豆やトマトが使われるようになり、メキシコの評論家がさも見下したように論じる完全にアメリカ化《アグリンガード》された料理になったころには、チリコンカンは単なるテキサスの地元料理から、アメリカの国民食になっていた。

　チリコンカンは州を代表する料理だとテキサス州は声を挙げたが、その公式レシピはどうしようもないほど素っ気なく、単純明快を極めたガイドラインにすぎない。とはいえ、このガイドラインの意味するところは一目瞭然である。まず、豆は入れない。トマト（もしくはトマトソースの缶詰）は使いたければ使ってもいいだろう。思いつきで妙なものは加えてはいけない。チョコレート、香菜《シャンツァイ》、生ビール、ウイスキー、ベーコン、ソーセージ、ゴートチーズ、アボカドのたぐいだ。まごうかたなきテキサスのチリ《ボウル・オ・レッド》には、粗く刻んだ牛肉、ビーフストック、ニンニク、クミンにトウガラシをこれでもかというほど投入する。トウガラシは丸のまま、フレーク状、乾燥させたもの、粉末とタイプを選ばす、これが一番だというものでかまわない。時間をかけてじっくりと煮込むことが肝心だ。

　スパゲッティといっしょに盛り付けてはならない。ライスの上にかけてもならない。揚げ物と合わせてもいけない。ベイクドポテトに添えるなどもってのほかだ。まったく何を考えているのやら。ベイクドポテトに添えるのは細切りのチーズかサワークリーム、チャイヴ（西洋あさつき）が相場で、チリコンカンではないのだ。大きめの器に盛るのはチリコンカンだけで、脇に余分なものを盛り込んでもならない。

ニュージャージーかペンシルバニアの出身なら、テキサス・チリドッグという料理がお好みかもしれない。フランクフルトソーセージをパンに挟み、チリコンカンをかけたものである。フィラデルフィアの秋のビアガーデンで食べるにはこれほど美味な料理もないが、この料理は第一次世界大戦のころにギリシャ人が思いついた。

テキサスのチリと同じだとは口が裂けても言えない。

第9章◉トウガラシソース——世界が魅了された味

瓶詰めホットソースの登場

十六世紀に世界進出を始めたトウガラシは、前例のない国際的な盛況を得たことで、文字通り、世界中で使われる香辛料になっていった。その土地ならではの頑固な食習慣に取り込まれ、北ヨーロッパのような保守的で食文化の敷居が高い地域でも、興味をそそる調味料として評価されてきた。こうした点を踏まえると、トウガラシはさまざまな気候と風土のもとで根をおろし、その土地の条件に進んで適応してきたことがわかる。それればかりか、食べ物に対して放胆で冒険心に富む人たちのあいだに、年齢にかかわらず、熱烈な愛好家を生み出してきた。

その結果、文化的な側面に限って言うなら、皮肉なことにトウガラシそのものが無国籍な存在になってしまった。たとえば、レモングラスといえばタイ料理、四川花椒は中国南部、ワサビは日本料理、あるいは、グランドスパイスを変幻自在にブレンドしたカレー粉と呼ばれるスパイスならインド亜大陸というように、ある香辛料やスパイスの調合で、特定の国の料理がただちに思い浮かぶ。とするなら、トウガラシの風味が喚起するのは、いったい世界のどこの国なのだろう。メキシコかもしれないし、もっと広く中南米だと言えるかもしれないが、それにしてもトウガラシには、根っからコスモポリタンな食べ物というイメージがつきまとう。ヨーロッパの植民地主義者がその種子を本国に持ち帰ったとき、彼らはそれと気づかず、地球全体にトウガラシの種をまいていたのだ。

十九世紀になると、トウガラシをベースにした製品が各社からあいついで売り出されるようになり、万能の味覚としてのトウガラシの能力を引き出すことにひと役買った。なかでも中心的な役割を果たしたのが、香辛料や調味料の材料としてアメリカ市場に登場し始めた瓶詰めのホットソースである。おそらく、こうしたソースもまた十七世紀のころのイギリスの食習慣から生み出されたもので、当時イギリスでは、アジアの液体調味料を安直に真似した即席の調味液の製造が試みられていた。

ヴィクトリア時代になると、こうした調合法のなかからあのリーペリン社のウスターソースのオリジナルレシピが満を持して登場した。深い褐色をしたこのソースは、大麦モルト、スピリットビネガー〔蒸留して酸度を高めた酢〕、糖蜜、アンチョビ、タマリンド、玉ネギ、ニンニク、その他の香辛料を調合して発酵させたものだった。ウェルシュ・ラビット〔ウェールズ地方のチーズトースト〕や固茹での卵にかけたり、ブラッディ・マリーにしあげのアクセントとして加えられたりしている。このソースが登場する以前の発酵液体調味料といえば、醤油やインドネシアの魚醤、広東の茄汁《ケツイアプ》をそれとなくほのめかした程度のものばかりで、手近な材料で作ったものや、調味料そのものを腐らせてしまうような材料さえ使われていた。

ホットソースとしてアメリカではじめて発売された商品の記録は、マサチューセッツで一八〇七年に刷られた新聞広告で、カイエン・ペッパーで作ったおそらく自家製のソースだった。こうした初期のトウガラシソースがとくに辛味に富んでいたのかどうかという点については疑問の余地がある。

アメリカの食物史の権威であるチャールズ・ペリーは、当時、マサチューセッツで売られていたカイエン・ペッパーのソースや初期の瓶詰めのソースは実際にスパイシーだったという説について、次のように反論している。「第一の理由は、マサチューセッツだからである。マサチューセッツは、魚肉団子《フィッシュケーキ》と、ニューイングランド地方の蒸し料理の本場で、移民の出身国である当時のイングランドのように、辛い料理が毛嫌いされていたからだ」と言う。「二番目の理由は、こうしたソースが酢を使って作られていた点だ。トウガラシに含まれるカプサイシンの抽出が酢で弱まってしまうので、これらのソースはトウガラシの香りを帯びた酢をベースにしたものだったのだろう。その風味こそ彼らが望んだ味だったのかもしれない(1)」

不朽の名作「タバスコ」誕生

一八四〇年代か一八五〇年代のどちらかになるが、ニューヨーク市のJ・マコーリック&カンパニーという会社は、**バードペッパー・ソース**と呼ばれた商品の販売を始めた。材料に使われていたトウガラシは、おそらく自生するチルテピン(チルテピンはバードペッパーの名前でも知られる)で、ソースはカテドラルボトルという手の込んだ容器に入っていた。ゴシック復興の時代に作られた背がすらりと高い容器で、装飾が施されている。「カテドラル」(大聖堂)と呼ばれたのは、底が四角形をした狭胴の四つの面それぞれに、教会でよく見られる尖頭アーチ形の窓の輪郭が描かれていたからだ。瓶の全長は一一インチ(約二八センチ)もあった。

南北戦争(一八六一～六五年)のころになると、瓶詰めのトウガラシソースの製造はアメリカではすでにそれなりの規模を持つ商売に成長していた。一九六八年、ミシシッピ川で一八六五年に沈没した蒸気船「バートランド」号の引き揚げ作業が行われた。誰もが予想もしていなかったが、この作業でかなりの量の食料の船荷が回収されている。ホットソースに関する著書があるジェニファー・トレイナー・トンプソンは次のように記している。「川岸の周辺に伝わる話では、この船にはウイスキー、金《きん》、フラスコに入れた水銀が積み込まれていると考えられてきた。引き揚げ調査の結果、五〇万点を超える考古学上の人工物が発見され、そのなかにセントルイスのウエスタン・スパイス・ミルズ社のホットソースの瓶一七三本が見つかったときには、作業員全員が驚いていた[2]」

すでに一八五〇年の時点で、マウンセル・ホワイトは自社ブランドのホットソースの生産を始めており、地元の新聞でも注目されるようになっていた。ホワイトは十三歳のときにアイルランドから一文無しでアメリカに渡ってきた孤児で、のちにルイジアナ州議会の議員にまでのぼりつめた。「ニューオリンズ・デイリー・デルタ」紙によると、ホワイトの会社が作っていたソースには〝タバスコ〟の名前で知られる品種のトウガラシが使われていた。このトウガラシを蒸してすりつぶしたものに、酸味の強い酢を加えると、〝トウガラシの煎じ薬《ペッパー・デコクション》〟と呼ばれるソースができあがる。このソースはルイジアナ州全域に出荷されていた。わずか一滴で、水っぽいスープが激変するほどのソースだった。

ホワイトをめぐる話として興味を引かれるのは、彼がエドモンド・マキルヘニーと面識があったという点だ。この話については確たる証拠があるわけではないが、マキルヘニーもまた著名なルイジアナ人のひとりで、世界で最もその名前が知られるようになったホットソースを生み出した人物だ。一八六八年、マキルヘニーは一家が所有する島にトウガラシをはじめて移植した。翌年、このトウガラシで作った六五八本のソースを、一本一ドルで売った。特許を申請した一八七〇年、「タバスコ」という名称が料理用語に新たに加わった。ホワイトと同じく、マキルヘニーもタバスコという品種のトウガラシを使っていた。タバスコはカプシカム・フルテッセンス種に属し、その名前はこのトウガラシが広く栽培されているメキシコのタバスコ州にちなんでいる。

マキルヘニーのレシピでは、ソースを洗練させるためにそれまでにない製造周期を設け、生産の向上が図られていた。手始めとしてマキルヘニーは、赤いステッキを持って収穫前のプランテーションを歩きまわった。ステッキは地元のルイジアナ・フランス語で小さな赤い棒《レ・プティ・バトン・ルージュ》と呼ばれ、トウガラシの色がこのステッキとまったく同じように赤く色づいたら、収穫の準備に取りかかった。収穫後、トウガラシは細かくすりつぶされ、塩を加えたうえで、ウイスキーの蔵元から譲り受けたホワイトオークの樽に詰められた。こうやって三年、樽のなかでトウガラシを発酵させて寝かせたら、残っている種と皮を漉して蒸留酢を加える。定期的に攪拌しながら、この状態でさらに一カ月寝かせたのちに瓶に詰め、ようやく出荷を迎える。

マキルヘニーはメリーランド州出身の銀行家で、一八四〇年ごろにニューオリンズに移ってきた。南北戦争が勃発する以前は、金融界で大いに成功していたが、南部連合の敗北でその他大勢の者と同じように破綻し、一家を連れて妻の実家があるエイブリー島に移り、プランテーションに建つ家で妻の家族とともに暮らした。このプランテーションで、マキルヘニーは菜園の世話をしており、おそらく果実や野菜が植えられた一画で、タバスコの栽培を行っていたのだろう。戦後の再統合期《レコンストラクション》のある日、このトウガラシでソースを作って売り出すというアイデアを思いつく。はじめは香水の瓶に詰めて売っていたが、コロンの瓶を専門に作っているニューオリンズのガラス会社に作らせた新しい瓶に変えてからは、定期的に商品を供給するようになった。現在使われているタバスコの容器は、一八六〇年代に使われていた容器とほとんど変わっていない。

かりにマキルヘニーとホワイトのあいだに面識がなかったにせよ、マキルヘニーがホワイトのソースの配合に影響されていた可能性はかなり高い。もちろん、タバスコの熟成工程はワインに似た正確さにもっぱら負い、タバスコそのものはきわめて独自なソースだ。タバスコの販売を始めたころ、マキルヘニーはこのソースの使い方を紹介した小さな本を書いて商品の普及に努めた。タバスコは食卓に欠かせない調味料として広まっていき、アメリカ兵の糧食として携行されるまでになった（第二次世界大戦に始まって現在にいたる）。また、ほどよくスパイシーなブラッディ・マリーにしあげるには、ウスターソースのように、絶対に欠せないソースになった。

最近作られている大半のトウガラシソースと比べると、タバスコの辛さは穏やかな部類に含まれる。辛いことは辛いが、口を焼くような猛烈な辛さではないのは、その辛さがバランスよく、ていねいに調整されているからで、このソースが世界的に傑出しているまさに鍵でもある。また、トウガラシ、塩、酢以外の材料はいっさい使われていない。もともとマキルヘニーは、このソースに一家が暮らす島のプランテーションの名前をつけるつもりでいたという。しかし、その案に義父が反対したことで、使われているトウガラシの名前が授けられた。大正解だった。タバスコという名前は、いまではまぎれもないブランドだ。「プティアンス・ソース」ではこうはいかなかっただろう。

不朽の名品を後世に伝えたにもかかわらず、マキルヘニー当人にすれば、タバスコはみずからの人間形成を語るうえで最も重要なものではなく、彼の自伝ではタバスコに関する話はいっさい触れられていない。マキルヘニーの生涯を熱心に研究する者は、銀行家としての彼の功績についてはるかに興味を覚えるとでも思ったのだろうか。もっとも、この件はともかくとして、タバスコが経済的な成功を収めた一八七〇年代以降、タバスコに倣えといわんばかりに、タバスコに追従する業者、タバスコを模倣する業者が続々と現れた。そのなかでも最も大胆不敵だったのがバーナード・トラッピーだった。

トラッピーはマキルヘニーの元使用人で、一八九〇年代にマキルヘニーのもとを去って独立した。タバスコの種子はエイブリー島のプランテーションから持ち出していた。そして、Ｂ・Ｆ・トラッピー＆サンズ社という同族会社の見本のような会社を設立すると、**トラッピーズ・タバスコ・ペッパーソース**を売り出した（のちにこの会社の息子たちの人数は一〇人となり、一人娘を兄弟全員で守った）。タバスコという名前は悪意があって使ったわけではなかった。トラッピーにすれば、ライバルの具体的なブランドにあやかろうという不当な理由から名づけたわけではなく、トウガラシの具体的な種類に触れたものだと考えていた。

もちろんこの一件は裁判沙汰になり、一九一〇年と一九二二年の一月から二月に審理が行われ、法の判断がくだされた。マキルヘニー家は一貫して不服を申し立て、当初の裁判所の決定は覆された。係争は巡回控訴裁判所の審理となり、発売されてすでに三〇年の歴史を持ち、はじめて「タバスコ」の名前を使った同社に対し、それに伴う二次的な権利を得て、ブランドとしての優先権を享受できることが認められた。アメリカの法原理では、こうした二次的な権利はそれまで認められていなかったが、一九二二年とさらに一九二六年の上訴を通じ、トラッピーズ社に対しては、補償金をマキルヘニー社に支払うだけではなく、自社商品の名称の変更が命じられた。トラッピーズ社は商標を**トラッピース・ルイジアナ・ホットソース**と改めた（ルイジアナ・スタイルとあるが、実際にはコロンビアで製造されている）。商標をめぐる皮肉な歴史のせいなのか、一九九〇年代、トラッピース・ルイジアナ・ホットソースはマキルヘニー社に買収される。だが、一九九八年にふたたび売りに出され、近年マルチブランド戦略を展開しているニュージャージー州のＢ＆Ｇフードに買い取られた。

アメリカとメキシコのホットソース

トラッピーズ社のソースもホットソースとしてはマイルドなタイプで、タバスコよりも辛さは穏やかだ。酢をベースに濃化剤と赤色の着色剤が使われている。辛さのうえにさらに辛さを競ういまどきのソースに比べ、アメリカで作られていた初期のソースの多くは、比較的穏やかな味わいだった。一九二〇年に発売された**フランクス・レッドホット**は、ジェイコブ・フランクが長年の年月をかけてレシピを開発したもので、彼が初期の配合を編み出した時期は、トラッピーが操業を開始したころにまでさかのぼる。発売二年前の一九一八年に、ルイジアナ州ニューイベリアでトウガラシ農場を営むアダム・エスティリットと提携していた。彼らのソースは、酢漬けにした赤トウガラシにニンニクなどの各種スパイスを配合して寝かせたもので、瓶詰めされた製品のスコビル値は四五〇ＳＨＵときわめて穏やかだった。

現在、フランクス・レッドホットはミシシッピ州スプリングフィールドで生産されている。名物のバッファロー・チキンウィングのソースとして、この料理とは切っても切れない関係にある。一九六四年、ニューヨーク州バッファローのアンカーバー&グリルで、テレサ・ベリッシモが考えたバッファロー・チキンウィングのオリジナルレシピに使われていたのがこのソースだった。以来、この料理の味付けにはフランクス・レッドホットとバターが付き物になっている。

一九二三年に発売された**クリスタル・ホット・ソース**は、ルイジアナを拠点とする同族会社バウマーがいまも生産を続けている。赤トウガラシを蒸留酢、塩で熟成させた中くらいの辛さのソースだ。続いて一九二八年にニューイベリアのブルース家が作った**ルイジアナ・ホット・ソース**には、ブランド名に州の名前がはじめて用いられた。名前からうかがえるように、当初は地元の一般家庭向けに売られていたが、間もなく急成長する激戦市場にうまく入り込んでいった。「辛すぎず、優しすぎもせず」という宣伝文句は、ひと口試してみようという気持ちをそそり、多くの人にアピールした。このソースもまた、地元ならではの味となった調合法にしたがって作られており、挽いて粉末にしたカイエン・ペッパーに酢、塩を混ぜ合わせたうえで、発酵させて熟成させる。ルイジアナ・ホット・ソースは二〇一五年にジョージア州の企業に売却されたが、製造拠点はいまもニューイベリアに置かれている。

ルイジアナ以外では、ノースカロライナ州のガーナー家が一九二九年に独自のホットソースを作り、一家の末息子の名前にちなんで**テキサス・ピート**と名づけたといわれる（実は、末息子の本当の名前はハロルドだった）。もともとバーベキュースタンドを営み、バーベキューソースを目玉商品にしていたが、辛くなる一方の新製品のために客の舌が鈍感になり、さらに辛いソースが求められるようになっていた。昔から言われるように、客が言うことにまちがいはないのだ。ガーナーのテキサス・ピートはアメリカで最も人気のソースのひとつとなり、いまも変わらず一家が経営に当たっている。こうした会社はいずれも、オリジナルブランドのソースの味を守りながら、一方で永久に燃え上がっていく激辛市場に後れを取らないよう、ますます辛さを強めたホットソースを作り続けてきた。

アメリカ合衆国の国境の向こう側には、瓶詰めのホットソースが数え切れないほど作られている。ただ、メキシコがこの分野に参入したのはあまり早くはなかった。メキシコの家庭では、辛い調味料やサルサはありきたりな料理として昔から作られてきた点を踏まえれば、それも驚くほどのことではない。新鮮なトウガラシの使い方に通じていたので、瓶詰めのソースなどわざわざ買う必要はなかったのである。とはいうものの、国境の向こうのアメリカでは人の命を奪いかねないほどの辛さを極めたソースが作られていた。市場にひとまたぎで行ける近さが、メキシコでソース製造を促すきっかけとなった。

タパティオ・ホットソースは、一九七一年にメキシコの起業家ホセ＝ルイス・サアベドラ・シニアが、カリフォルニア州メイウッド郊外で発売を始めた。サアベドラ・シニアは、メキシコ中部のハリスコ州の州都グアダラハラ出身で、売り出したソースの名前として、「タパティオ」というこの町の住民につけられた愛称を授けた。ロゴはメキシカンハットを被ったマリアッチの男性で、メキシコのサルサの風味を今風の料理に取り込むことにひと役買ったと言われてきた。現在、このソースはカリフォルニア州ヴァーノンで製造されており、アメリカ合衆国や中央アメリカでは、ひと目でそれとわかるブランドとして知られる。

メキシコ生まれのホットソースが**ヴァレンティーナ**で、一九五四年に創業したグアダラハラのサルサ・タマルサ社のブランドだ。ハリスコ州産の「プヤ」というトウガラシを使ったソースで、ほかのソースに比べるとどろりとしている。

チョルーラは、ホセ・クエルヴォというテキーラの醸造元が一九九一年に買収したブランドだ。サングリータの材料として、昔からのレシピを変えることなく、限られた量のソースをこれまで生産してきた。サングリータはトウガラシを利かせたザクロと柑橘系果汁の飲み物で、テキーラのチェイサーとして添えられてきた。ソースそのものは、トウガラシを乾燥させたチポトレに、デ・アルボル、ピキンなどの品種を調合したものを原料にして作られている。チョルーラという名は、紀元前五〇〇年前ごろに二カ所の小村から始まり、現在でも人がまだ住み続けるメキシコ最古の町の名前に由来している。瓶には丸みを帯びた独特な形の栓が古くから使われ、ラベルには石造りでアーチ状に組まれた台所の入り口を背に、白い服を着た美しい女性が描かれている。

カリブ海の名品ホットソース

ホットソースの産地ということでは、カリブ海周辺は古くから名品ソースがたくさん作られてきた。それぞれの島の市場では自家製の瓶詰めソースが売られ、一家伝来で大切に守られてきたレシピも少なくない。いずれも極上の逸品で、商品としていねいに作られた大半の有名ブランドのソースよりも、野趣溢れる個性に富んでいる。また、カリブ海周辺は世界でも屈指の辛さを誇るトウガラシの生まれ故郷なので、文字通り口から火を吐くような体験が期待できそうだ。北米のソース同様、カリブ海のソースもビネガーベースのものが多いが、マスタードが決め手となって、トウガラシの辛さに奥行きを与えている。

トリニダード・トバゴのソースには、モルガ・スコーピオン（94ページ参照）が効果的に使われている。モルガ・スコーピオンは実の先端がサソリの尾のように小さくとがっており、しかも世界屈指の激辛の品種であることからこの名前で呼ばれている。現地のソースは、カラルーという肉や魚の万能の付け合わせとして食べられている葉野菜料理や、タロイモの葉、オクラ、ニンニクなどをココナッツミルクで煮たこってりした野菜シチューなどの伝統料理に辛味を加えている。

マトーク社の**トリニダード・スコーピオン・ペッパーソース**は、食べごたえのある食感と西インド諸島のハーブの香りに溢れたソースで、熟成させたモルガ・スコーピオンとスコッチ・ボネットを使って、トリニダードで作られている。このソースのスコビル値は一万SHU前後もある。

ジャマイカ産のソースの特徴はフルーティーな点にあり、マンゴー、パイナップル、タマリンド、パパイアが、スコッチ・ボネットとビネガーをベースにしたソースにブレンドされている。ホットソースは多くの国で赤い色が主流なので、オレンジ、黄色、緑色のソースは見ているだけでもうっとりする。**ピッカペッカ・ソース**は、ビネガーをベースにトマトとトウガラシで作られた穏やかな味わいのソースだ。クラッカーのスプレッドとして昔から使われているので、クリームチーズが配合されている。マンチェスター教区の州都マンデヴィル近郊のシューターズヒルで一九二一年から作られてきた。このソースもフルーティーな味わいで、マンゴー、タマリンド、干しブドウなどが使われている。焼けるような辛さを体験したい向きには、スコッチ・ボネットを原料にした**ピッカペッカ・ホットペッパー・ソース**が作られている。トウガラシの燃えるような味を調えるため、少量の砂糖が加えられている。

バルバドス産のトウガラシソースも、ビネガーとボネット・ペッパー、マスタードを材料にして作られるのが普通で、肉や魚、野菜料理の調味料として広く利用されている。**ロッティーズ・バルバドス・ホットペッパーソース**にも、ボネット・ペッパー、玉ネギ、ニンニクをブレンドしたものにトウガラシが加えられている。セントクリストファー島自慢の**ミセス・グロー・ホットペッパーソース**は、カレーリーフを加えた猛烈に辛い赤い色をしたソースだ。

セントクリストファー島のすぐ隣のネイビス島は、ルウェリン社のホットソースの故郷である。赤のボネット・ペッパーに、香り高いカリブ産のタイムを配合したソースで、製造者のルウェリンはイングランドのマンチェスター出身の移民だ。**エリカ**はセントヴィンセント・グレナディーンの老舗ブランドのひとつで、地元産のハバネロを原料に、セントヴィンセント島にある首都キングスタウンで作られている。**カリビー・ホットソース**はイギリス領ヴァージン諸島のトルトラ島で作られており、瓶の口には籐編みの小粋な帽子が被せられている。赤（トウガラシベース）と黄色（マスタードベース）の二種類のソースがある。

アメリカ領ヴァージン諸島のセント・クロイ島産の**ミス・アンナ**は、一世紀にわたって一家に伝わるレシピに基づき、ハバネロ、マスタード、カレーリーフなどのほかに地元の香辛料を使って作られている。ハイチのホットソースといえば**ソス・ティマリス**で、誰もがこのソースを使った自分なりの好きな料理がある。玉ネギ、ニンニク、ハバネロをライムジュースで煮たもので、場合によってトマトペースト少々が加えられる。色を添えるためにピーマンも使われることが多い。焼いた肉や魚の味付けとして使われてきた。そもそもこのソースは、大食いで欲深い客を撃退するため、ある家の主人が考えたという話が伝わっている。しかし、主人の目論みは裏目に出てしまう。飛び抜けて辛い調味のおかげで、どの料理もますます美味になっていたのだ。

越境していくトウガラシ

トウガラシとそれを使ったホットソースということでは、匯豊食品公司《フイフォン・フーズ》の**シラチャー・ホットチリソース**ほど世界中で使われている有名なソースはないだろう。アジアスタイルのディップソースで、カリフォルニア州ローズミードで大量生産されている。緑のキャップのチューブタイプの容器で、ひと目でそれとわかる。製造元の匯豊食品公司は、ベトナム難民のデヴィッド・トランによって一九八〇年に創業された。アメリカがベトナムから撤退するとトランも祖国を去り、パナマ船籍の台湾の貨物船に乗ってアメリカに逃れ、政治亡命者として入国が認められた。社名の「匯豊」は、このときトランが乗った貨物船の名前に由来している。

ひと息つく暇もなく、トランはソースビジネスにただちに取り組んだ。はじめて作った商品をアジア市場に送り出すと、シボレーのバンにソースを積み込み、ロサンゼルスやサンディエゴのレストランに配達した。容器に記されたロゴの雄鶏は、仕事のかたわらでトランが自分で描いた（トランの干支は酉年に当たる）。ソースはいろいろあるとはいえ、実際、市場で最もよく売れているのは、新鮮なハラペーニョで作ったシラチャー・ソースだ。トランのシラチャーは中程度の辛さで、甘いながらもはっきりとした余韻がひとつになったフレーバーが食欲をそそる。アジアをはじめとする各地のレストランの厨房の必需品で、国際宇宙ステーション（ＩＳＳ）に参画しているアメリカ航空宇宙局（ＮＡＳＡ）にも納入され続けている。ベトナムのとても粗末な家の台所で一九七五年に産声を挙げたソースとしては、申し分のない出世だろう。

以上のようなソースやレリッシュに欠かせない材料としてだけではなく、さまざまなタイプの食べ物や飲み物に風味や辛味を添える食材としても、トウガラシは食材としての幅を広げてきた。最近の美食ブームのおかげで人気を博しているのがトウガラシチョコレートである。チョコレートとトウガラシ、原産地はともに同じで、古くからの由緒正しい血統を持つ二つの食材がひとつになったことも人気に味方している。カカオたっぷりの高品質のチョコレートに、七〇パーセント以上のトウガラシをブレンドし、上品でなめらかな光沢のある豪華な質感にしあがっており、カカオの豊かさに、強く燻した後味が加えられている。

こうしたブームに乗り、カルーアで知られるメキシコのコーヒーリキュールも、トウガラシチョコレート味の製品を販売するようになった。さらにトウガラシビール、もちろんトウガラシチョコレート・ビールも、スパイスド・ラムの各種銘柄とともに、香辛料入りアルコール売り場の棚でその存在をアピールしている。イングランド南岸のワイト島ではトウガラシ・サイダーが作られており、アメリカのワシントン州西部のオリンピック半島を拠点とするフィンリバー・サイダー社は、地元産のリンゴとハバネロでセミスイートな味わいのハードサイダーを醸造している。

どうやらトウガラシは、文字通りあらゆるものに、その火のような辛さを添えてきたという印象である。しかし、なぜトウガラシにはそうした使い方ができるのだろうか。

第10章◉トウガラシの味と食感——激しい辛さに体と心はどう反応しているのか

のみこんだあとも続く刺激

天然の食材として、トウガラシほど遠大で目もくらむような波瀾万丈の歴史を旅してきた食べ物はほかにはない。原産地の滋養あふれる食物から、いまでは世界中で食べられる流行の食材としてもてはやされるようになった。こうした変化の途上、トウガラシの辛味は、この食物にとって絶対に欠かせない特質から、ある種のヒロイズム（もしくは痩せ我慢）のあかし、つまり、あえてトウガラシの辛さに挑むことは、これを食べる者にとって、自分の勇気を示す物差しのような存在へと変わっていった。

また、料理にトウガラシを取り込むことは、従来からの料理の味を単に補うのではなく、トウガラシならではのイメージのもとで、これまでにない新しいひと皿を生み出すことでもある。こんな真似ができる香辛料や調味料は、トウガラシ以外にはないだろう。だがその結果、少なくとも西洋に限って言うなら、トウガラシの使い方はむしろ曖昧なものになってしまった。

ある意味、トウガラシを好んで食べることは、辛くて、容赦ない味わいを持つ食べ物を制覇したと大げさに言い立てたいという思いに応じたものであり、しかも、その後味はいつまでも口に残り、一度この辛さにはまるとますます食べたくなる魅力に富んでいる。この点では、トウガラシは刺激に乏しい食事に対する即効の対抗手段だ。そうでありながら、トウガラシと他の香辛料の風味がひとつになった、いわく言いがい精妙な味わいは、奥行きに富んだ、魅力的な一面を料理にもたらし、トウガラシのおかげで、その味わいは格別なレベルにまで高まる。とくにインド料理や東南アジア料理ではそれが顕著だ。

このような多彩な使い方ができるのは、トウガラシが持つ特有の性質のおかげだ。世界を旅してきたほかの食物の物語において、こうした複雑さを備えたものは、おそらく砂糖を除けばほとんど見当たらない。食べ物としてのトウガラシに授けられているのは、単に風味として分類されるものだけではなく、専門的には辛味刺激感受性として知られる口のなかでの食感である。

いずれの食物も食感を刺激するのは言うまでもないが、いったんのみ込んでしまえば食感の大半は消えてしまう。だが、のみ込んだあとも舌と口蓋を長く刺激し続けるのがトウガラシだ。これは活性成分によるもので、トウガラシに含まれるカプサイシンとそれと似た化合物が、皮膚とくに無防備な粘膜を刺激することによって生じる。体が感じる熱さや痛みを仲介する受容体を活潑にさせることで、トウガラシは、食物を咀嚼する際に覚える二つの主だった外的感覚――嗅覚と味覚――をしのぐ刺激を人体に与えているのである。

辛味刺激感受性を持つ食物はトウガラシだけではない。玉ネギやエシャロットを刻んでいると、目がヒリヒリと痛んだり、涙が流れたりしてくる。マスタードやホースラディッシュ、ワサビを口にすると鼻にツーンとする痛みを感じる。あるいはミントやメントールのにおいをかぐと冷涼感やリフレッシュ感が得られる。第1部で見たように、こうした効果は食べること以外にも応用されている。メントールが筋肉痛の痛み止めクリームに添加されているように、カプサイシンが抗炎症性の軟膏に加えられているのは、エンドルフィン反応によって痛みを軽減できるからである。いずれにせよ、トウガラシ以外の食べ物には、これほど強烈で、口中でその作用が持続するものはほとんどなく、比較的穏やかな辛さのトウガラシにも及ばない。

トウガラシの三つの効能

ひと目でわかる違いを料理に授けるだけでなく、トウガラシには味覚以外の効果もある。トウガラシを食べると口のなかから元気になり（もしくは、最後にはへとへとになり）、神経が冴えわたり、気分も大いに高まってくるのだ。本当に長所の塊のような食べ物と言えるだろう。

一番目の理由として、トウガラシを使うことで料理はさらに興味をそそるものになる。何度体験しようが、その刺激は常に新鮮で、とくに最初のひと口あるいはふた口目がたまらない。ほかの食べ物に比べて安価であるうえに、単調で食材に乏しい毎日の食事であっても、はっきりとした味の料理に変えてくれるので、その点でも理想的な食材だ。中国の粥はトウガラシで一変した。粥は病人食で消化のいい朝食であり、遠い昔には乏しい米を水増しする窮余の策として食べられてきた。トウガラシによって、その粥が、朝から快活で元気が出る目覚めにふさわしい料理に変わる。寝ぼけた舌は一気に活性化する。

西洋人の舌には、チベット料理はおそらく世界で最も辛い料理にちがいない。そのチベット料理も、スィピンという重宝なトウガラシソースがなければ、まったく味気のないものになる。セペンはツァンパ――焙煎した大麦粉にヤクの乳から作ったバターを入れて練ったもの――をはじめ、羊の頭や肺をじっくり煮込んだ料理にまで使われている。後者の煮込み料理は、山岳地域にある村落が厳しい冬を乗り切るためには欠かせない食べ物である。また、グルタミン酸ナトリウムの調味料が広く使われるようになったことで、しまりのなくなった料理の風味にも活を入れてくれる。

ただし、同じ理由から、香辛料を食べたことで気性が荒々しくなり、肉欲がそそられるとして、穏やかな料理を遵守してきた文化では、トウガラシが伝来した形跡はなく、たとえあったにしても、トウガラシらしさが徹底的に骨抜きにされた料理に限って使われてきた。現代の激辛ファンにとって、昔のホットソースが口を焦がすような辛さとはほど遠いものに思えるとしたなら、こうしたソースが最初に作られた十九世紀中頃から後半という時代は、禁欲と厳格な清教徒主義がいまだに幅を利かせていた時代だったからである。そうした文化のもとで、トウガラシが普及の足がかりを得るのであれば、辛いだけではなく、しかるべき慎みというものがあって当然と考えられていた。

トウガラシが持つ二番目の効果は気候に関係している。これについては寒い日のほうがよくわかるだろう。口から火を噴くような辛いチリコンカン、チキン・ヴィングルーなどのような辛いカレー料理を食べると、手足の先まで冷え切った体がすみやかに温まるのがよくわかる。ただ、寒い北の地方に住む者には、猛暑のもと、辛いトウガラシを食べて暑さをしのぐことが実感としてなかなかわからない。

灼熱の暑さのもとで体が涼しいと感じるのは、辛いトウガラシを食べることで、体のほうは燃えるように熱いと思い込んでしまうからである。その結果、体は交感神経に反応を促して血管を拡張させ、さらに汗をかけと促す。辛い料理を食べてできた汗の膜は、蒸発するときに熱を奪っていくので体を冷ますことができるのだ。トウガラシの原産地が地球で最も暑い南アメリカや中央アメリカの熱帯地域などの赤道地帯であることを思い出せば、なぜ地球上の同じような気候帯の地域にトウガラシがすみやかに取り込まれていったのかがよくわかる。

トウガラシがもたらす高揚感

三番目の効果として、トウガラシは心の状態に影響を与える事実がいまでは明らかにされている。チョコレートに含まれているといわれるテオブロミンとカフェイン、これと同様の感情に働きかける成分がトウガラシにも含まれているのだ。また、トウガラシの辛さに反応して脳内では痛みを和らげるエンドルフィンが放出される。大半の鎮痛剤と同じように、エンドルフィンにも気分の変化を促す効果がある。エンドルフィンは神経伝達物質のドーパミンの生産を刺激する。高揚感を保つうえでドーパミンは重要な役割を果たし、逆に不足すると多くの場合、内因性の鬱病を招く原因ともなる。もちろん、トウガラシのこうした効果は、ドーパミンを放出させるほかの方法に比べ、効果は微妙で持続時間も限られている（あるオンライン・フォーラムの投稿者にとって、トウガラシはまったくもの足りないらしい。トウガラシがもたらす高揚感はさかんに論じられているが、彼が若いころに使っていたコカインに比べると、まったく取るに足りないと言う）。そうではあるが、トウガラシの心の状態にもたらす効果は疑いようがないとされている。

この点を踏まえて考えると、極貧の毎日を送る人たち――人類の大半がグローバリゼーションと呼ばれる時代を生きているにもかかわらず――が、安価に購入でき、少しだけ世の中を楽しいと思わせてくれる食べ物をいかに重宝しているか、その理由も納得できそうだ。また、トウガラシのような辛味刺激感受性を持つ食物を食べることは、正常な消化を促進させるという理由もある。香辛料が内臓に及ぼす影響は、唾液とともに胃液の分泌を促してくれる。唾液にも胃液にも消化を助ける作用があるのだ。

「それだけではない」と説くのは、食品科学を研究するパメラ・ダルトンとナディア・バーンズの二人だ。「辛味成分を持つ何タイプかの香辛料（ショウガ、ピペリン、カプサイシン）には、胆汁の流れを刺激し、それによって脂質の消化と吸収が高まるが、脂肪が蓄積されることはない」[1]。食心理学者のポール・ロジンが言うように、消化能力の向上は穀物中心の食事をしている文化にとって明らかに有益だ。「口当たりがよく、複雑をきわめた炭水化物の食事を摂取しながらも、基本の調味料としてトウガラシの使用を文化的特徴とする料理は、カプサイシンによって消化の向上が図られているのだろう。水気に乏しく、粉状の食物を食べることが多くても、トウガラシを食べることで分泌される大量の唾液で咀嚼が促されているはずだ」[2]。言い換えるなら、トウガラシはそれ自体が栄養価に富む食べ物というだけでなく、口腔と消化器官への刺激によっても、栄養面での恩恵を授けているということになる。

辛さが「快」へと転換される

それでは、トウガラシが持つ灼熱の辛さへの嗜好は、どんな適応過程を経て獲得されていくのだろうか。味覚の点からは、まさに「無垢《むく》の舌から辛さを堪能できる舌に成熟していく旅」とたとえられる。もっとも、誰もがこの旅を経験するわけではない。そうではない者もいるし、なかには人よりも鈍感な舌を持ち、「もっとも辛いものを」と果敢に食べ続ける強者《つわもの》もいる。この適応過程をポール・ロジンは次のように説明する。「一度は苦痛と嫌悪と判断されたインプットデータが、ある程度の経験を経て、快楽に変わっていくのだ。その経験は多くの場合、数カ月から数年に及ぶ。これとまったく同じことが、刺激をめぐる感覚器官にも起き、当初は嫌悪感を募らせていた刺激が、のちになって興味を引きつけるものに変わったのである[3]」

トウガラシの辛さに対する慣れの獲得は、かならずしも十代のころに最も明らかにうかがえるというわけではない。メキシコでは、年長の家族がトウガラシをおいしそうに口にする姿を目にしながら、子供たちはだいたい四歳から七歳にかけて、トウガラシの辛さに対する耐性と嗜好を育んでいくのが普通だ。同じことは、激辛のトウガラシ料理を食べる東南アジアについても言えるだろう。快への転換《ヘドニック・リバーサル》と呼ばれる過程だ。この過程を経ることで、苦痛は快楽の源に転換される。トウガラシに比べるとはるかに危険だが、アヘンや煙草への依存も同じメカニズムに基づき、さらに激しい嫌悪をもたらす物質に出合うことで、ますます強化されていく。トウガラシの場合、この現象が最も顕著な形——同時に最も穏やかな形——でうかがうことができる。

近縁者やコミュニティーの仲間の立ち会いや影響のもとでこの種の手ほどきをうまく経験できれば、集団としての結びつきもいっそう深まっていく。欧米の子供たちといえば、最近では砂糖とトランス脂肪酸に偏重した食事ばかりを口にしている。もし、こうした子供たちがいまよりもはるかに早い時点でトウガラシに対する味覚を開発すれば、子供たちの社会性の発達や情緒的な成長も大いに図れるのかもしれない。

最後に、かりにヘドニック・リバーサルが、痛みから快楽ではなく、快楽から痛という逆の転換だと想定した場合、それは転換されない痛みそのものに快感を覚えるような状態を意味することになる。そして、これこそリジンが「軽度のマゾヒズム」と呼ぶ状態である。遊園地の絶叫マシーンは、それ自体まったく恐ろしい経験だが、その恐怖を楽しめるのは、予測不能な事故など起きるわけはないと知っているからで、乗ったからといって実際に命を落とすことはない。これをロシアンルーレットと比べてみよう。拳銃のシリンダーを次にまわすたびに、今度こそ頭が吹き飛んでしまうかもしれない。あまり楽しいゲームとは言いがたく、すべてはシリンダーの中味しだいだ。

　ロジンはトウガラシをロシアンルーレットになぞらえ、次にように記している。「もはや苦痛であり、嫌悪を覚える辛さであるのは明らかでも、トウガラシ好きたちが好んで口にする、これ以上ないほど辛く、口を焦がすような激しい辛さであっても、彼らはそれほどではないと言い張る」[4]。トウガラシフェチのこの心理はかなり複雑だが、彼らのこうした心理は、純粋な愉悦と紛れもない苦痛のあいだに横たわる連続性に根差しているのはまちがいないだろう。この連続性のもと、快楽と苦痛はそれぞれを分かつ境界線上でたがいに依存しあっている。もっとも、快楽と苦痛、どちらか一方の状態で安定している場合も少なくない。快楽と苦痛が持ちつ持たれつの関係にあることで、両者のあいだにはある種のつながりができ、その結果、あえて痛みを体験したいという強い願望が、これは自分の主体性の表明だという奇妙に屈折した思いに変わってしまうのだ。「こうなるのが自分の望みだ」「ぞくぞくしてくる」といった調子である。

　トウガラシ好きが自分の情熱にしたがってトウガラシを口にしようという思いに、快楽と苦痛のあいだで交わされている反応の兆しがうかがえる。「辛さのレベルは、ほかの者には嫌悪でしかない程度を常に上回っている」とリジンは言う。ただ、「はじめのうちこそ、もっと辛いものを求め続けるが、やがて落ち着いていくものである」[5]。そして、そのような傾向を示さない者こそ、軽度のマゾヒズムとして治療の必要があるようなのだ。

これがあまりにも非現実に思えてしまうのは、マゾヒズムが食べ物の文脈を背景にして起きているせいである。もっとも、こうした現象もまた人間が宿している能力のひとつにほかならない。

＊

以上の考えを念頭においたうえで、次の第3部では、今日のポストモダン時代の世界で、トウガラシがどのような文化的意味と心理学的な意義を帯びているのかについて考えてみよう。先進工業社会では、トウガラシは食をめぐる単なる偏愛にとどまるものではなく、自己のアイデンティティーを表現する手段になったばかりか、トウガラシの早食いや大食い競争のように、自己の確立をめぐり、他者と競い合うツールとして使われる場合も少なくない。十九世紀のフランスの美食家ジャン・アンテルム・ブリア＝サヴァランの不滅の真理を引用するなら、「われわれとは、われわれが食べるものによって定まるのである」

だとしたら、激辛を極めた料理は、二十一世紀を生きる私たちがどんな存在であることを物語っているのだろうか。

第3部

◉

トウガラシの文化

Part Three : Culture

第11章◉悪魔のディナー——トウガラシのダークサイド

トウガラシと悪魔《デビル》

辛くて刺激的なトウガラシ料理がまとう文化的なイメージのなかでも、昔から際立っていたのは、妖術や悪魔学と結びついた悪徳や反道徳的な印象だった。かりに、悪魔が夜ごと地獄でディナーの席についているなら、悪魔が心ゆくまで堪能しているのは山と盛られた生のトウガラシである。悪魔という苛烈で反逆的な性質にピッタリというだけではなく、永遠の業火に包まれた世界で、地獄に落ちた者たちが口にする責め苦の食べ物としても、トウガラシほどふさわしいものはない。口から火を吹く苦しさをなんとか鎮めるため、すがるように水を所望しても意味はない。ミルクやヨーグルトでなければ、口の痛みを消し去ることはできないのだ。

トウガラシをめぐるこんな象徴的なイメージは、多くの文化でいまだに息づいている。英語圏の料理人は、「デビルドエッグ」「デビルドハム」「デビルドホワイトベイト」〔揚げたシラスに辛いソースをかけた料理〕を昔から喜んで提供してきた。いずれも「悪魔の」という意味で、英語だけではなく、フランス語（au diable)、スペイン語（au diablo)、イタリア語（al diavolo）などのヨーロッパのほかの言語にも見られる言いまわしだ。アンダーウッドのミートペースト、「デビルド・ハムスプレッド」——アンダーウッドのブランドはタバスコと同じ年に誕生した——の容器に描かれたロゴは、三つ叉《また》の熊手を持つ小さな赤い悪魔だ。顔はニコニコと温厚そうな笑顔で描かれているが、もともとのロゴでは、指の爪はとがり、尻尾は鞭のように描かれていた。

料理に「辛味を利かせる《デビリング》」という言いまわしは、十八世紀後半にまでさかのぼる。基本の語義は、『オックスフォード食必携』に記されているように、「悪魔と地獄の業火のような激しい辛さ[1]」である。フランス料理のマスターシェフ《メイトレ・キュイジニエ》、アレクシス・ソワイエが一八五〇年代に編み出した調味料のレシピは、赤トウガラシ、黒コショウ、ホースラディッシュ、マスタード、酢を合わせたものだが、このレシピで使われている香辛料は、味蕾に火をつけるものばかりだ。イタリア語のデビルドした料理《アル・ディアーボロ》には、トウガラシやコショウのような香辛料と酢で味を調えた料理のほかに、地獄で燃えさかる業火さながらに、直火や真っ赤に燃えた石炭のうえにかざして肉をあぶるという意味がある。

イギリスで「デビリング」という調理法が、一般の家庭にも行き渡ったのは十九世紀で、チャールズ・ディケンズの小説『デイヴィッド・コパフィールド』の登場人物のひとりミコーバー氏の話にも描かれている。ミコーバー氏は、主人公デイヴィッド・コパフィールドのために、火格子のうえで焼きかけていたマトンを使い、大急ぎで料理をこしらえると、誠に申し訳ない調子で料理についてこう話を切り出す。「失礼も省みず申し上げるなら、調理法としては、辛く味付ける《デビル》ことにまさる料理はありますまい」。そう言うとミコーバー氏は、コショウとマスタード、塩とトウガラシを混ぜた調味料でマトンの薄切り肉を覆ってから料理に取りかかった。かたわらではミコーバー夫人が小さな片手鍋でキノコのケチャップを温めていた。この料理がうまかった。それまでどんな味かと気をもんでいたデイヴィッド・コパフィールドだったが、「まるで嘘のように無性に食欲が湧いてきた[2]」と白状している。

こうした辛い味付けは十九世紀の終焉とともに廃れたが、ブームが絶頂にあったころ、辛さをめぐって白熱した議論を巻き起こしていた。スコットランドの作家イーニアス・スイートランド・ダラスが別名義で書いた『ケトナーの食卓読本：調理術の実践と理論、およびその歴史について』（一八七七年）では、料理が見境なく辛くなる一方のさなかにあってこそ、自制心を持つことが大切だと声高に説かれていた。

限度を知らないことが、どの激辛調味《デビリー》にも言える最大の欠点だ。控え目な激辛料理という文言にいたっては、もはや何をか言わんやである。とはいえ、この料理の辛さが控え目でなければ、口蓋は痛めつけられ、料理どころではなくなってしまうのは必定である。デビリーがなすべきこととは、味覚をくすぐるように刺激することで、味覚の破壊ではないのだ。(3)

ダラスも「ドライ」と「ウェット」の二種類のデビルは認めている。ウェットタイプは、猟鳥の肉や内臓をテーブル脇に置いたアルコールランプを使い、期待で目を輝かす食客の前で調理するフランスの伝統的な料理法に代表され、ドレッシングにはマスタードや穏やかな香辛料が使われていた。続いて、国際人でありながらダラスが出し惜しむように紹介するのは、フランス料理の悪魔風ソース《ソース・ア・ラ・ディアブル》で、「フランス料理におけるデビルの流儀は、エシャロットに向けられた情熱である」という、ものものしい前口上から始まる。この口上に続いて記されたレシピには、みじん切りにしたエシャロットに香草を合わせたもの、「好きなだけの量のコショウ」とある。カイエン・ペッパーも使われていたかもしれない。これらをスペイン風ブラウンソースと赤ワインで煮詰めてから、タミス〔裏ごしに使う粗い布目の布」で漉していく。最後にダラスは、「(読者も)こうしたほうがフランスのあらゆるデビルが堪能できるのはご存じかもしれない」[4]と素っ気ないアドバイスをしていた。もっともこの料理は、激辛とはあまり思えない料理である。

ヴィクトリア時代の「デビルド・キドニー」

ヴィクトリア朝の価値観が絶頂期を迎えたころ、教養人の朝食に欠かせない料理がデビルド・キドニーだった。ダブリンの人気作家で談話家のチャールズ・リーヴァーは、自分の小説のなかでこの料理をさかんに褒めたたえた。『アイルランドの龍、チャールズ・オマリー』(一八四一年)という本には、語り手の視点から、朝食として「マトンとマフィン、紅茶のポット、鱒、それとデビルド・キドニー」[5]が並んでいたと、メニューについてかなり詳しく記されている。

リーヴァーは描写に際し、ごちそう《ボンヌ・ブーシュ》を手軽にほのめかすにとどまり、料理が持つ美味の価値を軽んじていた。これは彼のとらわれのようなものになっていた。エドガー・アラン・ポーは、それを理由にリーヴァーをとことん批判した。「熱意とこだわり、作者はこの二つをもって、みずからが〝デビルド・キドニー〟という言葉を選んだことについて、もはやこれ以上語る必要などないと言っている(略)。波瀾万丈のその全生涯を通じ、オマリー氏が二、三名の者を集め、たくさんのワインとあの〝デビルド・キドニー〟が並ぶテーブルへと、彼らを誘ったことは一度としてなかった」[6]

アントニー・トロロープが書いた『バーセットシャー物語』の第一巻『ワーデン』(一八五五年)に出てくる英国教会の大執事グラントリーもまた、大満足で朝食のテーブルに並べられた料理を眺めることができた。惜しみなく盛られた料理のなかには、「湯で温められた皿に載せられた熱々のデビルド・キドニーがあった。ついでながら申せば、その皿は立派な大執事の皿にぴったりと並べて置かれていた(7)」とあるので、大執事のよほどの好物だったのだろう。デビルド・キドニーには、余計な手をかけすぎた料理という印象もあった。腎臓《キドニー》自体がすでに、豊かで濃密な食感に富む部位で、辛くてヒリヒリする味付けに向き、朝食に食べるにはあまりにも贅沢という指摘もあった。夕食にロブスター・テルミドールを食べるようなものである。

ヴィクトリア女王が逝去してエドワード朝時代になると、デビルド・キドニーはイギリスの紳士クラブの欠かせない料理になり、朝食のテーブルに置かれた金ピカの卓上鍋で用意され、そのかたわらでは会員が「タイムズ」の朝刊をめくっていた。手慣れたインド人の給仕は、ソースにカレー粉を加え、これ以上ないほど辛いソースにしあげてくれた。このソースは伝統的にたっぷりの赤トウガラシとともにマスタードで味付けされていた。

世界の隅々へと向かうトウガラシの旅が始まった十六世紀、旅の担い手となった者たちが持っていたキリスト教の世界観から、トウガラシをめぐる悪魔のイメージが生まれる。シンガポールとマラッカ（現在はマレーシアのムラカ州の州都）の伝統を汲むクリスタン料理は、東南アジア料理とポルトガル料理の影響が融合して生まれた料理だ。クリスタン料理のナリ・アヤム、すなわち悪魔のカレーは、ハレの日に食べるきわめて辛い料理だ。ゴアのヴィンダルーのように赤トウガラシ、ガランガル、レモングラス、ショウガ、ニンニク、ターメリックなどのスパイスをペーストにしたもので、マスタードの種と酢で煮た鶏肉やジャガイモ、ククイノキの実などとともに食べる。スリランカのレストランで出されるデビルド・チキンは、鶏肉に辛い衣をつけ、油でじっくりと揚げた料理で、玉ネギ、丸のままのトウガラシ、ニンニク、ショウガをケチャップ、粉トウガラシ、醤油であえたドレッシングで食べる。

西アフリカのカーボベルデで食べられているパステル・コム・オ・ヂアーボ・デントル（悪魔がなかに潜んでいるペストリー）にもポルトガルの影響が明らかにうかがえる。香り高いコーンミールを焼いて二つに折った半円のパイで、皮のなかには赤トウガラシで辛く味付けしたマグロの肉とトマトが入っているのが普通だ。原産地はいうまでもないが、トウガラシは渡来したほぼあらゆる土地で、いまだになんらかのレシピで悪魔《デビル》を呼び覚ましている。メキシコ料理のカマロスネス・ア・ラ・ディアブラは、揚げたエビを、猛烈に辛いワヒーヨとデ・アルボルの二種類のトウガラシ、トマト、玉ネギ、ニンニクなどをブレンドしたソースで食べる。

悪霊や不幸を追い払うもの

悪魔と恐れられた一面とは矛盾するが、いにしえの時代に広く信じられていた伝承では、トウガラシは悪魔とはまさに正反対の役割を担っていた。焼き尽くすようなその力から、トウガラシは悪霊や不幸を追い払うものとして使われていたのだ。メキシコの農家のレンガ造りの家からつり下げられた干しトウガラシのリストラは、トウガラシの保存だけが目的ではなく、家の住人に敵意を抱く邪悪な存在を押しとどめるためだった。さらにその威力を痛感させるのは、実際に燻したトウガラシである。トウガラシを強火で炒めた料理にいささかでも熱中した人ならおわかりのように、鼻を刺激する煙のせいで、喉の奥がズキズキと痛み、そばにいる人も涙がとまらなくなり、激しく咳込んでほうほうの体で逃げ出す。

燃やす、燃やさないはともかく、トウガラシには清めと悪魔払いの機能があるとされてきた。話がこんなふうになると、トウガラシは悪魔のディナーという話からますます遠のくが、いずれにせよトウガラシは、人間が悪魔と立ち向かう際に用いる武器のひとつというわけである。メキシコの家の正面玄関には、お守りとして、干しトウガラシの束に添えてレモンがつり下げられていることもある。インドではドライバーが交通安全を願って、車のフェンダーにトウガラシをつけている。

魔除けのお守りとして、コルノもしくはコルニチェロ（小さな角《つの》）を身に帯びるのはイタリアの昔からの習慣だ。そもそもは、ギリシャ神話の月の女神セレーネーに端を発するようで、セレーネーの角は額に飾られた三日月の形をしている。コルノはチェーンにつけて首からぶらさげる。もともとは男性が行っていた習慣で、男の妻によこしまな思いを抱く別の男の邪眼《イーヴィルアイ》で夫たる自分の生殖能力が奪われないようにわが身を守るためのものだった。異教徒の言い伝えでは、マロッキョ（イタリア語で「邪眼」）は、これ以上ない不運の源、他人の幸福を嫉んでいる悪意ある者の報復、ひがみに満ちた凝視そのものだが、不幸を願われた当の本人にはほとんど見えない。だが、コルノを身につければ、それ自体が持つ力、生殖能力を授ける力によって、相手は指一本触れることができなくなる。

コルノは貴金属やテラコッタ、動物の骨などで作られてきたが、古くは赤サンゴで作られ、その姿は不思議なほどトウガラシによく似ていた。この酷似ぶりを理由に、コルノとトウガラシの伝承が最後に結びつく。イタリア南部、ことにカラブリアでは、トウガラシこそコルノの典型的な姿だと考えられるようになった。つまり、古代ヨーロッパのお守りの角の神話が、さらに古いメソアメリカのトウガラシの神話に結びついて霊的な力を手に入れたことになる。

禁断に満ちた不謹慎なネーミング

ちかごろでは、トウガラシの品種名に悪魔の影響がうかがえる例はむしろまれになったが、「デビルズ・タング」（悪魔の舌）は、カプシカム・シネンセ種のトウガラシで、一九九〇年代にペンシルバニア州のアーミッシュの農場で突然変異によって誕生したアメリカ産のトウガラシだ。表面にシワの多い黄色い品種のトウガラシで、その点ではアフリカ産のファタリーと似ているが、その後、改良を加えられてさらに辛くなり、赤い実のものも作られるようになった。中央に溝があり、表面がでこぼこしている姿はまさしく「舌」そのもので、見る者を挑発するようにその先端はとがっている。

イタリア南部で栽培されているカプシカム・アニューム種のトウガラシで、英名「サタンズ・キス」で知られる「サタナ」は、サクランボに似た赤い実をたくさんつけ、地元では刻んだアンチョビ、モッツァレラチーズを実に詰め、グリルして食べられている。辛さは中程度で、デビルズ・タングに比べればはるかに穏やかだが、両者ともその名前に蠱惑的な地獄の魅力をたたえている。「カリビアン・レッド・ハバネロ」もカプシカム・シネンセ種のトウガラシで、別名「ルシファーズ・ドリーム」の名前でも知られるが、カプシカム・アニューム種にも同じ名前を持つ橙赤色で、もっと穏やかな辛さのトウガラシが存在する。

「デーモン・レッド」と「デビルズ・ブリュー」（悪魔の酒）はともにカプシカム・アニューム種の長い形をしたトウガラシで、いずれもたくさんの実をつけ、かなり辛いトウガラシだ。ポルトガル人によってアフリカに持ち込まれたピリピリ（もしくはペリペリあるいはバードアイとも）は瞬く間に大陸全土に普及したが、このトウガラシには「アフリカン・デビル」とか「レッド・デビル」という別名がある。

一方、最近ではトウガラシ関連の商品——ペースト、レリッシュ、チャツネ、ソース、サルサ、抽出エッセンス——には、悪魔を連想させる名前を持つものがたくさんある。どんなものがあるか手当たりしだいに見ていこう。順序は不同だ——サタンズ・ブラッド（悪魔の血）、サタンズ・スウェット（悪魔の汗）、サタンズ・スピット（サタンの唾）、サタンズ・シット（悪魔の小便）、サタンズ・スポーン（サタンの申し子）、サタンズ・リベンジ、セイント・ルシファー、チリ・デビル、デビルズ・チリ、デビルズ・デリリウム（悪魔の狂乱）、レッド・デビル、デビルスピット、デビルズ・ダイナマイト、キス・ザ・デビル、ザ・イーヴル・ワン（悪魔）、ヘル・ファイアー、ヘル・レイザー、ヘル・アンリッシュド（解き放たれた地獄のふた）などなど。悪行、悪態、悪言、悪意などのモチーフが繰り返され、これらを口にする者に死や毒殺、下痢、痛打、嘔吐、灼熱の肛門、暴力、絶叫、苦痛をもたらし、さらに服従まで差し出させようとするものばかりである。

「くそったれ《ファック》」というF爆弾の炸裂を商品名にしたものも少なくない。「ホーリー・ファック」（Holy Fuck）は、食べる側になり代わってラベルで悪態をついている。使うときは「ワン・ファッキン・ア・ドロップ・アット・ア・タイム」（On Fuckin' Drop at a Time）という使用時の警告を名前にしたホットソースもある。激辛ということでは、「ザ・ホッテスト・ファッキン・ソース」（The Hottest Fuckin' Sauce）が多分最も辛いソースだろう。これほど辛いソースはそうはない。「マン・ザ・ファック・アップ：ウルトラ激辛キャロライナ・リーパー・ピューレ」（Man the Fuck Up! Ultra Mega Hot Carolina Reaper Purée）のラベルに書かれている激烈な警告文を見ると、このソースを開封する覚悟ができているのかどうか、胸に手を当ててもう一度考えてしまう。

地獄が身も心も穢れた世界なら、「酸性雨《アシッド・レイン》」や「有毒廃棄物《トキシック・ウエスト》」と名づけられたソースからうかがえるのは、客に警告を与えるのではなく、客を引き寄せるため、毒々しい反語的な言葉をむしろ喜んで使っている点だ。こうした比喩はますます過激になっている。それは、最近のトウガラシムーブメントを通じて、世間の常識とは異なる、反道徳的で禁断に満ちた不健康な世界観に基づいている。

ドラッグのような効果はあるか？

ホットソース全般に見られるこうした言葉遣いと、ドラッグをめぐる隠語の雰囲気にはたがいに通じ合うものが感じられる。といっても、実際にホットソースと薬物の両方に手を出している人間がいるという話ではない。最強の激辛トウガラシとそうしたトウガラシの関連商品を評価する言葉と、ドラッグを品評する言いまわしが本当によく似ているのだ。数年に及んだこの分野の研究のため、私が出会った人たちも同じような話し方をしていた。慎重を期して言うなら、トウガラシによるエンドルフィンやドーパミンの放出と、覚醒剤やアヘンを混ぜたドラッグがもたらす精神活性作用のあいだには明らかな類似性がうかがえる。

トウガラシにはドラッグのような効果はないと断言する科学者もいるとはいえ、ほかの人たち――暗示にかかりやすい大勢のトウガラシファンたち（彼らのことは〝トウガラシ常用者〟と呼んだほうがふさわしいのだろうか）は、たぶん、効果の点で劣るとはいえ、あるはずだと言い張っている。二〇一三年十一月の「ニューヨーカー」で、同誌のスタッフライター、ローレン・コリンズは、「遊びで食べるぶんなら、激辛食品でも穏やかなドラッグ程度の快感が得られ、法律にも違反せず、ヘトヘトに疲れもしない(8)」と書いている。

トウガラシのこうした食べ方が、先進国特有のゆがんだ行為と思われないよう、ジャーナリストのデンヴァー・ニックスは、二〇一七年一月の「ナショナル・ジオグラフィック」の記事で、ボリビア人も同じように考えている事実を明らかにし、この国で作られている「リャファ」という万能のトウガラシのレリッシュを紹介した。リャファはロコトとトマト、それにコリアンダーに似たキルキーニャという地元のハーブをすりつぶして混ぜたものである。

「リャファなしでは何も食べられない」とガヤルドは言う。今回の旅で何度も耳にしてきた言葉だ。「悪縁みたいなもの。痛い思いをするときもあるが、それでも嫌いにはなれない。ドラッグみたいなものだ。ドラッグをやっている者は、薬なしではいられなくなる。この国はどうだって？　ボリビア人はみんなリャファに取り憑かれている」

ボリビアの首都ラパス〔憲法上の首都はスクレ〕の南にある多国籍レストラン「グストゥ」では、リャファを使ったブランデーベースのカクテルが飲める。カクテルを考えたデンマーク人シェフのカミラ・シードラーは、「スパイスが利いた料理は大好き。こうした食べ物はドラッグに少し似ている。食べると幸せな気分になれる[9]」と語っている。

この向精神説の裏づけが、一部の人々のあいだで根強く支持されている、トウガラシの辛さは中毒になるという説だ。生理学的にはまったく根拠はないが、アヘン系の薬物、アルコール、不法な麻薬などと同じように、常用することで耐性が生じるという理論を前提にしているのははっきりしている。五分前にはじめて口にしたとき、あるいは先週はじめて食べたとき、我慢できないほど強烈な辛さにのたうちまわったトウガラシソース、その辛さに徐々に慣れていき、次に食べるときには、さらに辛いものを舌が求めるようになっていく。甘味、酸味、塩味、苦味、うま味などのほかの味覚と同じように、食べ慣れることで口を焦がすような辛味でも、舌はその辛さを味わえるようになっていき、カプサイシンを成分として含むトウガラシでも、辛さへの耐性はますます強まる。

すでに一九九二年の時点で、人によっては、エンドルフィンの放出によってカプサイシンに〝依存〟するようになると、オーストラリアの研究チームが報告している。当時の「ニュー・サイエンティスト」誌の記事によると、「カプサイシンで確実に高揚感が得られることと、放出されるエンドルフィンのレベルが上昇してそれに慣れていくことで、刺激が強い料理の摂取が常習となっていく」とある。研究チームのリーダーであるオーストラリア連邦科学産業研究機構（CSIRO）のジョン・プレスコットは、違法薬物をめぐるゲートウェイドラッグ理論〔酒やタバコ、脱法ドラッグ、大麻などの依存性の高い物質を通じ、さらにハードな薬物を使用するようになるという仮説〕の硬直した論調がうかがえる警告のなかで、「マイルドなカレーの最初のひと口が、いずれ激辛のヴィンダルーにつながっていく」[10]と述べている。

とはいうものの、一日の摂取量を徐々に増やしていくように体が欲するようになり、その量が満たされなければ身体がある種の機能不全に陥るということではない。これは耐性といったたぐいの話ではないのだ。純粋なカプサイシンそのものは有毒であるが、最も辛いトウガラシに含まれるカプサイシンの総量などたかが知れており、人体の器官に害など及ぼさない。もっとも、その灼熱の辛さのせいで、消化管内の流れは刺激され、その入り口もしくは出口のどちらか、あるいはその両方から、食べた物が勢いよくほとばしることになってしまう。

激辛トウガラシの幻覚作用？

アニメ「ザ・シンプソンズ」の有名な一話として「悪夢のチリ料理」（一九九七年）というエピソードがある。トウガラシ料理コンテストに出品された料理を味見し、偉そうに文句を言う主人公ホーマー。そんなホーマーに、地元の警察署長で友人のウィガムは、だったら自分のとてつもなく辛い料理を試してみろよと挑発する。この料理はグアテマラのジャングルの奥深くに建つ精神病院の収容者たちが栽培している「ケツァールアカテナンゴ」という伝説のトウガラシで作られているのだ。口を保護するためワックスを塗ると、グツグツと煮え立つウィガムの大鍋から取り出した赤と黄色の筋が入ったトウガラシを、ホーマーはいくつかのみ込んだ。

たちまち幻覚の世界に投げ出されるホーマー、視覚も聴覚も完全にいっていってしまった。はじめて口にしたペヨーテ〔幻覚作用のあるサボテン〕やマジックマッシュルームを思い出す。ホーマーは幻覚世界の荒野に迷い込み、そこで人間の言葉を話すコヨーテと出合う。このコヨーテの声を担当しているのがジョニー・キャッシュ〔アメリカのカントリーミュージシャン。「メン・イン・ブラック」のニックネームでも有名〕で、幻覚世界で自分探しの多難な旅に出かけたホーマーの魂の導き役を務める。この経験を通じてホーマーが学んだ教訓は、彼がはじめに考えたように、グアテマラの精神病院で作られたトウガラシには二度と手を出さないというものではなかった。自分のソウルメイトは誰なのか、それはやはり妻のマージだと思い知ったのである。

報告された幻覚作用については、大いに疑問視されている。脳に対してカプサイシンがそんな作用を及ぼす証拠など存在しないにもかかわらず、ある種の主観的な経験に基づく話はそうではないと説くが、医学的な見地からの説明には乏しい。ナショナル・パブリック・ラジオ（ＮＰＲ）の記者マーシャル・テリーは、二〇一一年にサウスカロライナ州でエド・カリーが栽培したキャロライナ・リーパーを味見するという、得がたい体験を味わうはめになった。リーパーを食べたテリーは、体が引きつるような嘔吐という最初の症状に続き、奇妙な挙動を数分間にわたって示した。その症状はペヨーテを服用したときに見られる症状と瓜二つで、まるで本当にトリップしているような異様な光景だった。「ヒストリー・チャンネル」のウエブサイトに掲載されているステファニー・バトラーの記事には次のように書かれている。

> 確かに、激辛のトウガラシには穏やかな幻覚症状を引き起こす効果もある。古代メキシコのマヤの人々はトウガラシを興奮剤として使い、人類は八〇〇〇年以上にわたってその心地よい刺激を堪能してきた。現代のトウガラシ食い《チリ・イーター》たちは、これを食べると部屋のなかにはないはずの物を目にするとか、体のさまざまな部分が無感覚になり、なかでも四肢を失った感覚を覚えると訴え続けてきた。[11]

フェルと名乗る恐れ知らずのサイコノート〔瞑想や薬物を介して自己の内的世界の探究を行う者〕は、メキシコのオアハカで目もくらむような辛さの乾燥赤トウガラシを食べたときの話を、エロウィド・センター〔アメリカ歳入法に基づいて一九九五年に設立された非営利の教育団体〕に報告している。エロウィドにはあらゆる種類の精神活性物質に関するオンラインライブラリーがあるのだ。トウガラシをおそるおそるかじり始めたフェルは、それから一気に食べ尽くした。

真夏、歩けないほど熱せられたコンクリートから、水のような陽炎が立ち上るように、ありとあらゆる風景が揺らいで、世界は荒唐無稽《キマイラ》なものになっていた。私の意識は苦痛に波打ち、にぎやかに華やいだ光景や友人たちの会話は、そこであってそこではない、どこか遠いところへと消えていった。意識の隅っこでは、友人たちが私を見詰めて笑っているのがわかるし、周囲では大騒ぎが続いているのもわかっている。私の口はトウガラシで地獄と化していたが、世界は変わらずに存在していることもわかっていた。

息をせわしなく吸ったり吐いたりして焼けつく口を鎮めようとしたが、そんなことしても無駄だった。「数分後（私には数年のように思えた）、外の世界がゆっくりと脈打ちながら、燃える波となって戻ってくるのを感じた。世界がふたたび戻ってくることは、トウガラシの容赦ない力にもう一度なすがままにされることなのだと、意識が肉体から抜け出るような痛みのなかで私は考えていた[12]」。ただし、彼女の場合、トウガラシを口にする前にかなりの量のメスカル酒を飲んでいたことも白状している。

以上の話から、あると言われ続けてきたトウガラシの薬物効果は、ペヨーテやＬＳＤのような幻覚を促す作用を持つものから、幻覚剤あるいはアヘンのレベルにまで及んでいることがわかる。どちらの効能がお望みかは、これはそれを選ぶ究極の選択《ピック・ユア・ポイズン》で、暗示にかかりやすい口のなかの受容体を研《と》ぎ澄ませなくてはならない。チリ・イーターがいちばん辛いトウガラシについて語る口調は、麻薬常用者が薬効について語る調子と明らかに重なっているのだ。

世界で最も辛いという称号

そして、世界で最も辛いトウガラシをめぐる開発競争は、天井知らずの軍拡競争と化している。キャロライナ・リーパーは、ウェールズのセント・アサフで育種された同種のドラゴンズ・ブレスの挑戦を受けた。ドラゴンズ・ブレスの辛さはキャロライナ・リーパーの一・五倍を上回ると開発者は唱えた。この挑戦を受けて立ったエド・カリーは、自身が開発したキャロライナ・リーパーのまるまる二倍の辛味強度（スコビル値は三〇〇万SHUを超えている）を持つ新種を開発した。「ペッパーX」というミステリアスな名称とあいまって、新しいトウガラシの謎はますます深まるばかりだ。

想像力が豊かな者のなかには、こうした開発競争をトウガラシよりもはるかに危険な稼業になぞらえる者がいるかもしれない。つまり、これは世界で最も強烈な薬物や最強のマリファナの株の開発を目指して競い合っているようなものではないのか。しかし、そんなふうに見なされていないのは、〝激辛フェチ〟を自称するトウガラシの愛好家が、トウガラシに夢中になることは決して違法ではなく、恐ろしくはあるが、ひとつの通過儀礼であり、経験なのだと公言してはばからないからである。

「トウガラシの辛さは大きなプラスで、このすばらしい食べ物をますます飽きないものにしている」

「激しい辛さと苦悶は（自分の場合）三〇分程度は続くが、最悪の状態は一五分もすれば終わってしまう」

「トウガラシを食べると、目に涙がたまって鼻水も垂れてくるが、ハラペーニョの場合、その勢いはもっと激しくて強烈だ」

「ホットソースなら、『ブレイン』もいいが、『プリモス』もいい。両方ともひと口目からうまさがわかる。だが、顔中が火に包まれたようになってしまうので、そのうまさはじっくりと味わえない。

『バラックポール』というトウガラシはひどい味で、食器洗いの洗剤のような味がした。でも、もう一度種をまいた。これほどガツンとくるトウガラシはないし、パウダーにしたらこれ以上のトウガラシは存在しない」(13)

精神活性物質と同じような効果、あるいは精神に直接働きかける食べ物を探すとなれば、トウガラシはその選から決して漏れはしないだろう。トウガラシについては、摂取に伴う生理学的影響と、化学的に変化させた意識状態を比べた実証的な論文も書かれている。トウガラシを食べると「飛べる」という大仰なレトリックは、これまでトウガラシを食べ続けてきたことによる体験から生み出された表現だが、このレトリックそのものがすでに十分な想像力を帯びている。

「飛べる」という言いまわしは、トウガラシの辛さを真剣に極めようとする世界中の多くの激辛フェチの心をいまも確実に魅了しているはずだ。そして、トウガラシが禁断の食べ物というニュアンスを帯びているのは、この食べ物が悪魔の食するものだと昔から考えられてきた長い伝統に負っている。

私がとくに気に入っているのは、みずからをメディスン・ハンター〔先住民から動植物の薬効を聞き出し、製薬会社にその情報を売る者〕だと名乗るクリス・キルハムがサイトにあげている次の一節だ。

悪魔が食するこの野菜は、蠱惑的な宗教体験を通じ、自分に対する忠誠を人間から引き出そうとする。その体験とは、ガサガサになってヒリヒリと痛む唇であり、痛打されて膨れ上がる舌のことである。激しい辛さで口はズキズキと痛み、のみ込めば喉を焦がし、胃のなかでたぎり立つ。熱くなった額には汗がしたたり落ち、顔と脳には熱く脈動する血液が流れ込む。痛みを鎮めようと絞り出されるエンドルフィンの波、それは燃えさかる町の猛火を消そうと奔走する消防士よろしく、脳のなかで湧き上がってくるのだ(14)。

なるほど。これこそ申し分のないトウガラシである。

第12章◉官能の媚薬——トウガラシと性欲

トウガラシの催淫効果？

トウガラシはドラッグに比べられる。そして、トウガラシとドラッグの関係がロサンゼルスの不朽のロックバンド「レッド・ホット・チリ・ペッパーズ」によってロックに結びつくなら、彼ら〝世界最強のトウガラシ〟とセックスとの関連から、トウガラシ、ドラッグ、セックスは永遠の三位一体の関係を結ぶことになると言っても大げさではない。

セクシャルな魅力は、何世紀もの昔から〝熱《ヒート》〟を想像させる隠喩と関連づけて語られてきた。現在でも、肉体的な魅力を発散している相手を〝そそる《ホット》〟と呼ぶが、「ホット」とは一世代前の人間が、性欲をかき立てる相手に認めた、興奮して《シズリング》〔sizzleは「高温で調理されてジュージューと音を立てる」という意味〕、抑えきれない《スモルダリング》〔smolderは「火がくすぶる」という意味〕ほど高まった官能的な思いをズバリ言い表した言葉で、あの人には「グッとくる《ハズ・ザ・ホッツ》」といった調子で使われる。このあいだのデートの相手は〝セクシー《ホット・スタッフ》〟で、「昔の炎《オールド・フレイム》」は別れた恋人を意味する。

このような発想は、性的な無軌道ぶりや激情、また熱帯に暮らす人々の火のように激しい気性、さらに言うなら、おそらく〝発情期〟における生殖能力にも由来しているのだろう。とくに、発情周期《エストラウス・サイクル》において、生殖ホルモンがもっともさかんに分泌されている時期を迎えた女性は、性的な欲求がピークに達した状態にあると考えられてきた（「エストラウス」はラテン語「オエストゥルス」つまり「発情」に由来する）。

はるか昔の隠喩では、性欲は熱を帯びた状態として描かれていた。『旧約聖書』の「雅歌《がか》」には、熱情の「炎は火の炎のごとし、いとも激しき炎なり」（第八章六節）とある。古典文学をひもとけば「愛の炎」という言いまわしで溢れかえっているばかりか、いずれの文化においても広く見られる隠喩である。明朝末期の詩人馮夢竜《ふうむりゅう》が編纂した『古今小説』（一六二〇年）には、酒好きの恋人たちが、「一〇杯を超える酒を飲み干し、その思いは炎のように燃え上がった」とある。この例など、何かを口にすることで熱情の炎はさらにかき立てられる点を暗示しており、古くからアルコールがその定番とされてきた。だが、何世紀にもわたって、催淫効果があるとされてきた食べ物は酒以外にもいくつかある。

現代科学が、催淫効果という考え自体に意味はないといくら指摘しても無駄である。その土地特有の思いが、こうした食べ物には抜きがたく染みついている。アスパラガス、キュウリ、イチジク、貝のカキなど、形状が男性器あるいは女性器を連想させるという理由で、その食べ物は性欲を奮いたたせると考えられていた。また、アルコール飲料やチョコレートのように、口にするだけで気分が高まり、なまめかしい気分になれることから、やはり催淫効果があると信じられている食べ物や飲み物がある。トウガラシの場合、食欲を増進させる辛さによるほてりと性的興奮のほてりが、否応なく同一視され、時代にかかわらず、媚薬として用いられてきたことがはっきりしている。

現在、媚薬としてのトウガラシの効能を唱える科学めいた説は、トウガラシを食べることで放出されるエンドルフィンを根拠にしており、これによって気分が落ち着き、包容力が高まるからだという。

eatsomethingsexy.com というサイトには、「ほんのひと口かじっただけでも催淫効果が現れる。ひとつまみのトウガラシを口にすることで体温は上昇し、思わず服を脱ぎたい気分に駆られる。唇はぼってりと膨らみ、キスしたくなるような柔らかさを帯びてくる。実際、辛いものを食べることで、性的な紅潮の兆しが視覚的に現れてくるといわれる」(1)と書き込まれている。

とはいうものの、カプサイシンを摂取すると、深部体温は上昇するのではなく、むしろ低下する場合が多い。ぼってりと膨らんだ唇といっても、それは気分が高まったことによる勝手な思い込みで、二人してトウガラシを食べ、本当に唇がヒリヒリするほど腫れあがってしまえば、キスどころの話ではない。また、明るい照明の部屋なら、どんな顔も紅潮しているように見えるので、勘違いして、思わず服を脱ぎたくなるような欲望に駆られるかもしれない。

例年、バレンタインデーのシーズンを迎えるたび、この手のアドバイスが新聞や雑誌の記事で大いに紹介され、その道の専門家といういかにも薄っぺらな人物が出てきて説明をしている。だが、こうした事実は、ポストモダンの現代に残る、形を変えた中世や近世の迷信や民間信仰のひとつだとも言えるだろう。こうした思い込みは何もいまに始まったわけではないのだ。

「とくに精神の健康を損ねる」

ヨーロッパの文化がトウガラシに手を出したのは十六世紀、腫れ物に触るかのようにおそるおそる取り込んでいった。ヨーロッパの文化がこれほど用心していたのは、これから取り込もうとしているのは、遠く離れた未開の国の食物だというまさにそうした理由からだった。そこは極端に暑い土地で、土地の住民の習慣も自分たちとはまったく異なり、裸で出歩き、死んだ仲間さえ食べてしまう。文明化された入植者たちの母国にあっては、道徳的な抵抗を引き起こすには十分な土地柄だった。ヨーロッパの文化も気がつかないうちに、同じような自堕落を招いてしまうかもしれない。

プロテスタントの多いヨーロッパの北部地域にトウガラシが伝わった時期は、ヨーロッパ南部のカトリック教圏の国々、とくに聖職者たちに見られる美食や贅沢な暮らしぶりがもたらす不健全な影響について、精神的な危機を訴える差し迫った警戒が高まりつつあったころに重なる。初期の清教徒やルター派の信者が食べていたのは、普段は穀物や野菜からなる必要最低限の質素な料理ばかりで、祝祭日の食卓にあがる魚や肉にもソースはかかっていなかった。香辛料とは明らかに無縁と思われる食習慣である以上、燃えるような味わいのトウガラシが歓迎されたとはどうしても思えない。

事実、当時の博物学者や薬草医、医師たちのあいだでは、トウガラシの火のような成分に警戒の声があがっていた。トウガラシを口にすれば体に火がつく。その火をもて遊ぶことへの本能的な緊張を上回る思いがトウガラシには常につきまとい、それはカトリック教圏の中心地にも広がっていた恐怖だった。作家のマリア・パス・モレノが書いたマドリッドの料理史には、「イエズス会のスペイン人宣教師にして博物学者であったホセ・デ・アコスタは、（トウガラシの）消化促進効果は認めていたものの乱用は戒め、『青年がトウガラシを食べ過ぎることは健康に悪影響を与え、肉欲を刺激することで、とくに精神の健康を損ねる』と説いた」と記されている。(2)

すでに古代ローマの時代から、香辛料で色欲が刺激されるのではないかと考えられ、紀元以降は前述したガレノスの医学でもこの考えは継承された。トウガラシがヨーロッパに渡来するはるか以前、コショウの実やシナモン、ショウガ、クローヴ、ナツメグなどの東洋の香辛料は、四体液説のもとで「熱と乾」に分類され、肉欲をおのずと刺激すると見なされていた。『旧約聖書』の「雅歌」で歌われている恋人たちの世界には、香辛料の香りが立ちこめ、イスラム風の楽園には、エキゾチックに味付けられた料理が並べられていた。香辛料の歴史を研究するジャック・ターナーが書いているように、「香辛料が帯びている性的なニュアンスを指しているのは言うまでもない」事実だった。

フランシスコ会の会士で『百科全書』を書いたバルトロメウス・アングリクス（イギリス人バルトロメウス）が早くも十三世紀に記していたように、香辛料が帯びている性愛への影響は、宇宙の秩序の一部として分かちがたく結びつき、医学と占星術という大きな視点からも説明されてきた。香辛料の調合師は、歌うたいや宝石細工師、音楽の愛好家、婦人服の仕立屋などとともに、金星の徴《しるし》のもとに生まれた職業のひとつだったのである。(3)

初夜の当日、新婚の二人が飲むミルク酒《ポシェット》にはわずかなシナモンとナツメグが加えられていた。イギリスでは十八世紀まで、伝来のこのレシピが根強く飲まれ続けてきた。それどころか中東では、ハチミツとショウガを煎じたものを洗い清めた局所に塗りつければ、ペニスが確実に大きくなると信じられていた。大変けっこうな思い込みではあるが、香辛料を連日のように用いるのは、魂に災いをなすだけだと広く考えられていた。体がほてるほど並はずれて辛いトウガラシだが、それが伝来するまでヨーロッパで知られていたのは、コショウとショウガの辛味だけである。それだけに、トウガラシがヨーロッパに上陸したとき、ヨーロッパの精神世界にこの食べ物がどのように受け入れられていったのかは容易に想像がつくだろう。

四体液説に基づく食事はある種の科学的な厳密さを装っていたが、それから数世紀の年月を経て、こうした食事理念は、シルベスター・グラハムのような長老派教会の唱道者が説く食事理念に取って代わられていった。グラハムは十九世紀の聖職者で、肉体に根ざした精神の穢れに執拗な非難の声を挙げた一人だった。グラハムは、成長期の男性が自慰にふけると、身体に深刻な影響を及ぼすという考えに取り憑かれていた。そして、同じような衰弱や発狂などの影響を、お茶やコーヒー、アルコール、肉――当然のことながら香辛料を使った料理といった、おぞましい刺激物の摂取と結びつけて考えていた。

「グラハムクラッカー」は、刺激の少ない健康的な食事が体によいことを裏づけるために彼が考案した素朴なクラッカーで、皮や胚芽を取り除かずに全粒粉で焼き上げ、何もつけずにそのまま食べる。また、純潔について長々と書かれたグラハムの文書――常に若い男性だけに向けられていた――の説教臭さは、まさにこの手の文書の書き手としては名人級だった。

> 刺激的で、体をほてらすあらゆる種類の材料、香辛料を利かせた食材、こってりした料理、思いのままに肉を貪ること（もちろん食事のことだ）、さらに栄養価が過分の料理でさえ、性的な興奮や生殖器の敏感さを高め、人体のもろもろの機能はもちろん、知的能力や道義をわきまえる能力に対する影響力を増していく。こうした影響が余さず現れる場合もあれば、限られた影響にとどまる場合もあり、事によっては手に負えない激しさで現れる場合もある。[4]

情動を抑えるためとはいえ、なにはともあれ私たちが思いやるさきは、グラハムの本を読む若い読者たちのことだ。彼らはこうしたぞっとする影響にしかるべき注意を払いつつも、今晩は彼女と二人きりで夜の散歩という日には、いささか多めのトウガラシを無意識のうちにステーキに添えることもあったのではないのだろうか。

カプサイシンと性的欲求の関係

これについて科学的にはどのように考えられるのかといえば、カプサイシンと男性の過剰な性的欲求はこの順序では関連しておらず、順番はむしろ逆のようである。つまり、性的な捕食行動はトウガラシで引き起こされるのではなく、そうした性的傾向をすでに持ち合わせている男性が好んで食べている食物が、たまたまトウガラシだったというわけである。

この事実は、南フランスのグルノーブル・アルプ大学の研究チームによってすでに確かめられている。ボウルに入ったマッシュポテトの味付けに、塩もしくはホットソースのどちらかを実験対象に選ばせたのだ。「内因性の唾液テストステロンと、個々の被験者が自発的にホットソースをかけたマッシュポテトを食べた量とのあいだには、正の相関関係の存在が観察された（略）。この研究から、男性に見られる香辛料料理への嗜好性は、唾液テストステロンに関連していることがうかがえる」[5]。しかし、この研究は、カプサイシンの摂取によってテストステロンの値が上昇し、性衝動はさらに高まり、自己を主張し、競争好きな社会的行動が促されると、広く解釈されてしまった。この論文が発表されたとき、執筆責任者は、影響は実験対象となった一一四匹の雄の齧歯類にのみ認められた反応だと断っていた。

可能性としてもうひとつ考えられるのは、自分を向こう見ずな冒険家だと考え、あえて危険を冒すことに喜びを感じるタイプの男性がいることである。あらゆる分野でナンバーワンの存在として見なされることがうれしいという理由だけで、手強い料理に対する味覚を進んで鍛えてきた者がいるのだ。だから、相関関係が認められるといって、それが主だった理由であると素直に認められるものではない。相関関係とは、ジャーナリズムの大半が抱いている暗黙の信仰のようなもので、正体不明の発見に遭遇したら、使わなければならないと信じている彼らの標語のようなものなのだ。

あらゆる研究活動には、真逆の結論を唱える実験が同じ数だけ行われているようである。以上のテーマについて『臨床性医学』（二〇一七年）は、「β - エンドルフィンは鎮痛剤と快楽に関する誘発因子として作用するものの、性的衝動を増進させるという証拠はほぼ皆無に等しい。それどころか、ラットを使った実験では、放出されたβ - エンドルフィンによって交尾が抑制された事実が明らかにされている(6)」と冷や水を浴びせた。さらに、臨床心理学者のリタ・ストラコシャは、二〇一七年に自費出版した『ホモセクシュアリティーは現代の食事とストレスによって引き起こされる』と題した本で、科学的な裏づけはされていないが、相関関係と因果関係の不幸な混同について新たな基準を打ち出している。

この本によると、ゲイの人たちはアンバランスな食事の犠牲者で、その状態は正しい食事をとるようにして、誤った食事をやめることで容易に正せると説かれている。誤った食事のなかには「胃にもたれたり、味付けの濃い食事、脂肪分が多かったり、油で揚げた料理、（そして、言うまでもなく）香辛料をふんだんに使った料理、柑橘系の果物、炭酸飲料(7)」が含まれている。だが、この部分を読んでも、この著者が治療できると考えている性の多様性は、先進国にはびこる世界的な流行病などではないと首をかしげたくなる。

象形薬能論（特徴表示説）という説がある。中世のころに信じられていた学説で、人体の形状によく似ている草木の実や葉には、人体のその部分が病んだ際の治療に薬理効果があるというものだ。そして、現代の象形薬能論支持者なら、ピーター・ペッパーが、いったい体のどんな部分に絶大な薬効を発揮するのか、まじまじと見なくてもひと目でわかるはずである。

このトウガラシはカプシカム・アニューム種に属し、原産地は不明だが、アメリカ南部の州やメキシコで栽培されている。スコビル値はそれほど高くないが、しかし、なんといっても目を引くのは男性器と瓜二つのこのトウガラシの形で、絶妙のバランス加減に思わず見ほれてしまう。実の端はまさに亀頭とそっくりで、見方しだいでは先端に尿道口もついているし、包皮がめくれ上がって亀頭は剝き出しだ。実は蠱惑的な赤に色づいてくるので、解剖学的にもますます実物めいてくるが、まばゆいばかりの金色に色づいた実のほうはなにやら神々しくもある。

もともと男性器に似た形のトウガラシを、選択的交配によってさらに磨きをかけ、完璧な姿にしてきたのは明らかだ。前述のコショウの研究家ジーン・アンドリュースは、現在の激辛ブームが起こる以前、ピーター・ペッパーについて次のように書いている。「このトウガラシはあまりにも辛いので食用には向かず、鑑賞用として分類された。すべてやり尽くしてしまった園芸家が、話のネタとして生み出した品種とでも言うべきものかもしれない(8)」

官能と苦痛を分かつもの

激しい痛みで焼けつく舌と、愛を求める本能をひとまとめにして語るのは、やはりあまりにも無謀な解釈だという感は否めない。トウガラシの激烈な辛味には、官能的なものを超え、もっと人の感情をかき立てる何かが潜んでいる。トウガラシの辛さと官能の関係をさらに納得できる形で考え、また、それが単なる暗喩のような関係ではなく、確たる何かに基づいたものであるとするなら、おそらくそれは、トウガラシがもたらす覚醒感に求めることになるだろう。

香辛料が料理で果たす役割は、ありきたりなタンパク質や炭水化物はもちろん、砂糖の味わいさえ高める点にある。単にピリピリとした辛み成分だけではなく、馥郁《ふくいく》たる香りをもたらす成分も香辛料には含まれている。それらのおかげで味の奥行きが深まり、さらにこの奥行きは、ほかの香辛料と結びつき、たがいに風味を補完しあうことでますます複雑さを増していく。それ自体が申し分のない美味を備えた味の奥行きだが、香辛料のなかでもとくにトウガラシは、純然たる味わいそのものを超えるようにして官能を魅了し、口中で感じる味の奥行きをさらにメリハリが利いたものに変える。

トウガラシを食べることで味覚は覚醒し、感受性が研ぎ澄まされ、ただ食べて得られるだけの満足感にまさる直感的な鋭敏さに磨きがかる。この状態になると、人体はその刺激のとりこになるのを思い知らされる。この状態は、それぞれの人が我慢できる正確な辛味強度に負っている。あまりにも辛すぎると、たいていの場合、その情熱を削がれてしまうが、熱心な愛好家たちの多くがよく口にしてきた、「いささか手に余る」ぐらいの辛さのトウガラシであれば、この種の官能を探ってみるには申し分のない目安になるのは確かだ。

媚薬としてのトウガラシをめぐる物語は、トウガラシを食べたあと、体内でどのような変化が起こるのかという点から語られがちで、エンドルフィンと神経伝達物質の放出によって多幸感と心地よい無痛感覚が湧き上がり、性欲がかき立てられる段階が訪れるという。ただ、それらに先立って、カプサイシンによる生理的な作用が痛みとして舌と口蓋の無防備な細胞にただちに現れる。そして、この痛みを感じるから、催淫剤として効果がありそうにも思えてくる。芳香学を研究するジョン・マッケイドによると、「アメリカの先住民の男性は、かつて自身の性器にトウガラシをこすりつけて性感を鈍らせ、性的な満足の持続を図っていた。初期のころに入植したスペイン人もその真似をしていたようで、彼らとともに渡ってきた謹厳な神父には気が滅入るような行いだった[9]」

これは現在で言うところの〝早漏《ディレイ》防止スプレー〟に相当するようなものだが、スプレーのほうはベンゾカイン、リドカインといった穏やかな表面麻酔で得られる効果で、カプサイシンは局所にある程度の痛みをもたらしたのち、エンドルフィンの全身放出を介して痛みをブロックする。トウガラシを性器に擦りつけるなど、こんな真似を最初に試みた男性は相当痛い思いをしたはずだが、その後、感度が鈍くなり、持続力を高めることができたのだろう。

一九九七年にデンマークの発明家が特許を申請したのは、カプサイシンをベースにしたクリームで、これを塗ると二分以内に男性器をそそり立たせる効果があるばかりか、実験の結果、多年にわたって勃起不全を患っていた年配男性にも勃起反応が認められたと謳っていた[10]。このクリームに先立ち、イタリアのフェラーラ大学の研究チームは、一九九四年に「泌尿器学と腎臓学に関するスカンジナビアンジャーナル」に発表された論文のなかで、男性被験者の場合、尿道にカプサイシンを注入すると勃起反応が誘発されたと報告していた[11]。

愛と憎しみのあいだには二つを分かつ細い線が引かれていると言い伝えられてきたように、トウガラシの官能の喜びと圧倒的な苦痛のあいだにも、両者を分かつ細い境界線が存在しているのである。そして、この境界を踏み外してしまうと、トウガラシの猛火はとてつもなく恐ろしいものに変わってしまう。

次の章ではそれについて考えてみよう。

第13章 ◉ 武器としてのトウガラシ——化学兵器の元祖

マヤ、アステカのトウガラシミサイル

口にしたときに激しい痛みや不快感をもたらすトウガラシは、世界の料理の歴史において、人類が征服した最も激烈な味を持つ食べ物のひとつである。同時に、食べる側の気まぐれな思いしだいで、「情け容赦のない悪魔」とか「飛び切りセクシー」などといったさまざまな評価を授けられてきた。口を痛めつけるその辛さを目的に食べられるようになる以前、哺乳類の捕食者に対抗するためにこの植物が身につけてきた生来の攻撃性は、大昔にトウガラシを食べたり、育てたりしていた人々によって、文字通り、実際の武器として利用されていた。歴史を通じてトウガラシには、人間の食事におけるよきもの、栄養に富むものという居場所が与えられ続けてきたが、同時に敵意を示す道具としても使われてきたのだ。歴史を見ればわかるように、人を傷つける力を秘めているものなら、人間はその能力を例外なく実際に用いてきた。

トウガラシがはじめて武器として使われたのはいつなのか、正確な時代についてはよくわかっていないが、アメリカに到達したスペインやポルトガルの冒険家は、ここで古代にルーツを持つという攻撃の洗礼をたびたび受けることになった。一四九四年、先述したようにカリブ諸島のラ・イザベラで、先住民のタイノ族とスペインの入植者のあいだで戦争が勃発した。この島の商業港に暮らすスペイン

人の、手に負えない放埒な振る舞いが戦いの引き金を引いた。みずから招いた食料不足をなんとかするため、彼らはタイノ族から食料を繰り返し奪い取り、その結果、砦を囲まれたスペイン人は、化学兵器の元祖とも言うべき兵器の攻撃にさらされることになった。

先住民には、当時、最先端の武器とされたトレドの鉄剣に匹敵する武器はなかったが、その代わり、粉トウガラシの手榴弾をスペイン人目がけて投げつけた。トウガラシの粉は灰と混ぜて瓢箪に入っているので、当たった衝撃でトウガラシは宙に舞い上がる仕組みになっており、不意を突かれたスペイン人の目や喉を襲った。多くのスペイン人は視界を奪われ、激しく咳込んでいたが、攻め込んできた襲撃者は情け容赦なく打ちのめした。襲撃者の顔は、外科医がつける大きなマスクのようなバンダナですっぽりと覆われていた。

トウガラシ手榴弾の改良版とも思えるのが、アステカやマヤで作られていたトウガラシミサイルである。瓢箪のなかにはトウガラシとともに水が詰められていた。この水でトウガラシを発酵させる。打ち上げられたトウガラシミサイルは、破裂した衝撃でなんとも不快な発酵ガスをまきちらし、相手はずぶ濡れになりながら、息を継ぐこともできなかった。

トウガラシミサイルが使えない場所では、トウガラシを火にくべ、目を刺すような煙で敵を燻していた。この戦術はブラジルに押し寄せたポルトガルの侵略者、あるいはのちにペルーとなる地に侵略してきたスペイン人に対してインカの人々が用いていたし、先コロンブス期の先住民も使っていた。

一四五〇年代、アステカの支配と貢ぎ物をめぐり反乱が断続的に起きていたころ、帝国の南東地域一帯、いまのメキシコ合衆国ベラクルス州に住んでいたクエトラシュトラン人が蜂起し、現地の総督を殺害するという事件が起きた。モクテスマ一世の使者が土地を訪れ、定められた貢ぎ物が届かない理由を知ったとき、土地の族長たちは、アステカ人たちが眠る一画の換気口を残らずふさぐと、用心深く積み上げておいたトウガラシの山に火をつけた。おそらく、歴史上はじめてのガス室に閉じ込められ、アステカ帝国の使者たちはトウガラシの煙に巻かれて絶命した(1)。

あきらかに手荒と思えるトウガラシの使い方は、第3章で紹介したアステカの親たちがトウガラシの煙を使い、言うことを聞かない子供を折檻していた例にもうかがえる。その様子が『メンドーザ写本』の見開きの絵として描かれているのはすでに触れた。当時のアステカにいたスペイン人によって色鮮やかに描かれた絵文書には、十一歳になると男女にかかわらず、きわめて苛酷なこのしつけを受けていたことが記されている。

親の言いつけにいつも背く少年は、乾燥トウガラシの煙でこらしめられていた。「父親は燃え続けるトウガラシの火のうえに、裸のまま泣き続ける子供をかざし続けた。鼻を激しく衝く煙を吸い込むことは、耐えがたい苦しみのように思えた」(煙に巻かれた皇帝の使者の例からもわかるように、実際に死にいたるかもしれない責め苦だった)。女の子は火の近くに寄れと脅かされ、鼻を突き刺す煙がどんなものか教えられていた。「子供は涙を流しながら(略)ひざまずいていた。その手はしばられ、大人の言うことをもっと聞くように脅されながら、トウガラシの火の前で座らされ続けた(2)」

煙にさらされるのは数秒だったとしても、おそらく短い間隔で何度も繰り返されていたようなので、しつけとしてはかなり厳しかったように思われる。だが、そんな同情も写本の次の絵を見るまでだ。次のページには、十二歳を迎えた息子の折檻として、手足をしばり、裸のまま濡れた地面に丸一日そのまま放っておくとある。哀れなまま泣きじゃくっている子供の絵が写本には描かれている。

トウガラシの煙で窒息させる戦術は、いわゆる十九世紀のインディアン戦争でも、アメリカの先住民たちによって使われていた。一八八〇年代、誘拐されたアパッチ族の女性や子供を救うために戦士ファン――ジェロニモの名前で知られるアメリカインディアンの偉大なる戦士のまた従兄弟――は、日干しレンガで作られた教会に立て籠もるメキシコの鉱夫をトウガラシの煙で燻すため、燃えさかる薪と松脂に粉トウガラシを混ぜて作った爆弾で教会を攻撃した。突然の恐慌に陥ったメキシコ人鉱夫はうろたえ、すっかり戦意を失った。奴隷としてさらわれた先住民は、こうして無事に解放された。

兵器化されるカプサイシン

マスタードガスから核分裂兵器まで、二十世紀の人類は歴史上かつてない規模で兵器研究とその配備を進めてきた。人を殺す手段を極めつくしたと思えるほど、先進国は他国に対してさまざまな兵器を配置してきた。こうした兵器のなかには、あまりにもむごたらしい結果をもたらすことから、国際条約で使用が禁じられるようになったものもある。それ以外の兵器は、山となってぐらつくほど積み上げられ、出番がくるのを待ちかまえている。「非致死性兵器《レス・ザン・リーサル》」として知られる武器の範囲には、雑踏警備に使われる刺激物をはじめ、暴動鎮圧や個人の護身用の用具まであり、その素材も研究室で考案された化学物質から、天然の植物由来の物質とさまざまな種類に及んでいる。後者については、化学合成もしくは濃縮されたタイプのものが少なくない。こうした物質のなかでカプサイシンも重要な役割を与えられ、攻撃をたくらむ相手を瞬時に無力化する効果的な手段として、警察や治安部隊の備品、あるいは一般市民の護身用としてさまざまな範囲で使われている。

致死性や刺激性のガスが実際に使われるようになったのは第一次世界大戦のときからで、当時、無色のホスゲンや塩素などのガスも戦場の敵に対して使われていた。カプサイシンもすでに化学合成されていたものの、戦場で兵器として使われることはなかったようだが、カプサイシンそのものは、一九二〇年代前半にアメリカ合衆国軍のエッジウッド造兵廠の施設で製造が始められている。ただ、のちにCSガスとして知られる物質が一九二八年にイギリスで開発されると、カプサイシンはたちまちこのガスに取って代わられた。その結果、ガス兵器としてのカプサイシンの開発は数十年にわたってお蔵入りとなった。一九七〇年代、活性樹脂を抽出する改良法が再評価されると、トウガラシからオレオレジン・カプシカム（OC）という赤茶色の油性化合物が抽出されるようになった。

CSガスに代わり、今度はOCガスが暴動鎮圧用の催涙剤として主に使われるようになった。警察が使用する催涙スプレーには最大一五パーセント濃度のカプサイシンと関連の天然化合物が含まれているが、個人用に販売されているスプレーの濃度はわずか一パーセントほどだ。だが、その程度の量にもかかわらず、効果はかなりのものである。

顔や目を狙って襲撃者に吹きつけた瞬間に効果を発揮し、相手の目や鼻に鋭い刺激を与えると同時に、スプレー剤を吸ったり、のみ込んだりした肺や胃にも、皮膚と同様の炎症を起こさせて相手の動きを奪ってしまう。カプサイシンそのものに、人体に炎症を引き起こす作用があるせいだ。続いて目が激しく痛み出し、とてもではないが開けておくことなどできず、相手の視覚を効果的に奪ってしまう。激しい咳はなかなかやまず、口を開けて話すこともできない。回復するまで、こうした状態は少なくとも四五分はかかり、最長では数時間に及ぶ場合もある。

OCスプレーの使用による死亡例はごくまれとはいえ発生しており、おそらくスプレーそのものが原因ではなく、既往の病気がこのスプレーで悪化したのが直接の死因だと考えられている。とくに呼吸器系に病気を抱えた者には明らかに危険である。

一九九〇年代以降、個人向けのトウガラシスプレー市場は、多くの国で一大産業に成長したが、一方で違法とされている国があり、イギリスやヨーロッパ本土の主要国でも禁じられている。暴漢の撃退用として女性が使うだけではなく、アメリカ合衆国郵便公社の職員には郵便強盗や猛犬への対策として、また森林でキャンプする者には熊対策として使用が許可されている。一方、一九九七年の「化学兵器の開発、生産、貯蔵及び使用の禁止並びに廃棄に関する条約（化学兵器禁止条約）」の第一条第五項「暴動鎮圧剤を戦争の方法として使用しない」にしたがい、現在、トウガラシスプレーを兵器として使用するのは禁じられている。この条約は北朝鮮、南スーダン、エジプトを除く全世界の国が署名・批准している。イスラエルは署名をしたものの、批准にはいたっていない。

二〇一〇年、インドの国防研究開発機構（ＤＲＤＯ）は、対テロと暴動鎮圧作戦用にトウガラシを使った催涙弾を開発したと公表した。「幽霊トウガラシ」と呼ばれるブート・ジョロキア（かつて世界一辛いトウガラシとされ、のちに別のトウガラシにその座を譲った）とリンを調合したものが八一ミリの筐体《きょうたい》に入っている催涙弾である。手榴弾としても使えるほか、タンクに設置すればただちに九〇メートルに及ぶ煙幕を発生させ、襲撃者の暗視技術や赤外線画像を封じ込めることができる。とりわけ、反政府グループをアジトから効果的にあぶり出す点が期待され、すでにカシミールの紛争地域の対民兵用に配備されている。

公式には非致死性とされているが、導入以来、数名の死亡者が出ていることから、この催涙弾の使用を非難する医学者もいる。だが、暴動鎮圧用の催涙弾という性質のせいか、その標的が恣意的に選ばれてしまうことに歯止めをかけるのは難しいかもしれない。二〇一七年九月、バングラデシュを経由してミャンマーの迫害を逃れてきたロヒンギャの難民に対し、侵入を国境で食い止めるため、インド軍はこのトウガラシ爆弾を使っている。

何世紀にもわたる人間とカプサイシンのかかわりを踏まえれば、兵器として使われるのは決して幸福とは言えないが、人類学的な視点を踏まえれば、これらもまた昔ながらのトウガラシの使われ方を踏襲したものなのだ。そもそもトウガラシが人間に対してカプサイシンという牙を剝かなければ、この地球で最も破壊的な生物種とされる人間もまた、その牙をほかの人間に向ける術を学ぶことはなかっただろう。

第14章◉超激辛と激辛フェチ——トウガラシ礼賛

ブームを巻き起こした食材

アメリカで始まり、さらに英語圏の世界でこのブームが広まっていったことで、トウガラシムーブメントは未曽有の規模の文化現象になった。食物史をひもとけば、ある食材や作物が熱狂的に求められる時期はこれまでにもたびたびあり、香辛料はその典型的な例だったことは誰でも知っている。中世後半から近代にかけ、国際的な交易をそれまでにないほど盛り上げるなど、香辛料に対する人々の並々ならぬこだわりを知ることができる。

コショウの実やナツメグ、マース、シナモン、ショウガなどがひたすら消費されたのは、こうした香辛料が帯びていたエキゾチシズムや、教養に秀でたヨーロッパ人でさえほとんど知らない遠い異国の摩訶不思議なオーラのせいであり、その価値と入手にいたるまでの希少性もあずかって、香辛料を手に入れられることは、社会的な地位の高さのあかしにもなった。

だが、第2部ですでに見てきたように、トウガラシは、こうした香辛料が持つもの珍しさというありがたみをなしくずしにした。トウガラシは外来の作物ではあったが、霜にさえ気をつけていれば、ほぼどんな土地であっても栽培することができた。

食材のなかには、十七世紀のアメリカで熱烈に支持されたサッサフラスのように、誰が見ても定番の食材になったものがある。サッサフラスは北米大陸の東海岸のカナダからフロリダ半島中央部を原産地とする落葉性の樹木で、薬用のみならず、食材としても大いに使われていた。根皮と葉を使い、サッサフラスビール〔ノンアルコールの炭酸飲料であるルートビールの一種〕やサッサフラス茶が古くから作られてきた（根から抽出される精油のサッサフラス油に発がん性が認められることから、アメリカ食品医薬局は一九六〇年にこれらを商品として生産することを禁じている）。またハーブとして、ガンボ〔ルイジアナ州でさかんに食べられているスープもしくはシチュー料理〕などのような、ルイジアナのクレオール〔ヨーロッパ人と黒人の混血〕料理の味付けに使われてきた。葉と花はサラダや肉の保存に用いられ、干した根皮は下剤として使われるサルサパリラにも加えられてきた。

アメリカ南部の州に暮らすチョクトー族は、何世紀にもわたってサッサフラスを利用してきた。干して粉にしたものは薬のほか、料理にも加えられた。白人入植者もこうした使い方を真似るようになり、サッサフラスは一家の食料保存庫や薬棚になくてはならないものになる。それどころか、梅毒にも効くとまことしやかに信じられていた。十七世紀を迎えると、その人気は絶頂に達し、ヴァージニア州では煙草に次いで二番目に利益をあげる換金作物になっていた。すでにこのころから葉を乾燥させて挽いた「フィレパウダー」に加工され、調味料やガンボのとろみづけに使われていた。一九五二年にはあのハンク・ウィリアムズの「ジャンバラヤ」で歌われ、サッサフラスは不朽の名声を得ることになる。もっとも、そんな名声とは無縁に、サッサフラスの流行は変わることなく続いた。

十九世紀後半、いつのころかはっきりしないが、このころカキは、貧者の食べ物から、金持ちが味覚を研ぎ澄ますマストアイテムへという歴史的な転回を迎えた。ニューオリンズのレストラン「アントワーヌズ」で、オイスター・ロックフェラーが秘伝のレシピとして誕生したのは一八九九年のことである。カキの転回期を代表するような典型的なレストラン料理で、アニスを加えた緑色のハーブ入りバターがカキにたっぷりかかっている。もっとも、焼き上がった外観はくしゃくしゃのドル札《グリーンバック》に似ていなくもない。

ヴィクトリア朝が幕を開けたばかりのころのロンドンにおいて、ディケンズの初の小説『ピクウィック・ペーパーズ』（一八三七年）に登場するサム・ウエラーが、彼の主人であるピクウィック氏に話して聞かせる貧民街ほど、ありあまる富からかけはなれた場所はなかった。「旦那様《サー》、貧乏人にカキがつきものということでは、ここほどはっきりわかるところもありますまい（略）」とサムは言った。「貧乏人が多ければ多いほど、それだけカキが入り用になってくるようで（略）、ここらでは六軒ごとにカキ売りの屋台が立っており、通りにも屋台がずらりと並んでいます。ですが、どんなに貧乏のどん底にあっても、部屋から一目散に飛び出して喜んでカキを食べたがる人間がいるとは思えません(1)」

そのカキが、ヨーロッパとアメリカで洗練された食材に変わったのは、それに先立ってカキの需要が高まっていた状況につきるだろう。産業化された都市が労働者で溢れかえり、彼らがたくさんのカキを平らげたうえに、残ったカキも工場の廃水で食べられなくなっていた。カキの希少性が高まったうえ、汚れていないきれいな海で採れた品だと保証しなくてはならなかったので、市場価値はますます跳ね上がった。そして、アントワーヌズのようなレストランで、その価値に見合った高級食材のレシピが編み出されるようになると、カキは日々のありきたりな食材から、金ピカの贅を尽くしたテーブルを彩る高級な食材に変わった。

トウガラシムーブメントというカルチャー

だが、トウガラシムーブメントは、カキのブームとはまったく次元が異なる現象だ。トウガラシは高級な食材ではないし、エキゾチックと言ってもたかが知れている。とくにトウガラシフェスティバルで使われるトウガラシや関連製品は地元産のものが使われることが多いので、とりたてて珍しいというわけでもない。激辛を極めた品種なら希少性は十分ありそうだが、身近な店になくとも、種子が容易に手に入るので、土があれば誰にでも栽培できる。それだけにトウガラシに向けられた激辛フェチのこだわりは、ある味覚に対するグルメとしてののっぴきならない情熱と、食を通じて自己形成を遂げようというひたむきな衝動がひとつになったもののように思えるのだ。

たとえば、「ニューヨークのホットソース・エクスポ」やニューメキシコ州のアルバカーキーで例年開催される「フェアリーフーズ・ショー」、イギリスのトウガラシファンのカレンダーを埋める、大小を問わず通年で開催されているトウガラシフェスティバルのネットワークなどのイベントのおかげで、激辛トウガラシやそれを使ったホットソースは、いまや一大産業に成長している。一連のトウガラシムーブメントには、優れたワインや個性に富んだ地ビール、高級ウイスキーの業界につきものの、物の良し悪しをきちんと見抜ける鑑識眼めいたものが認められる。

模型飛行機の愛好会なら、会員はそこで飛行機作りのちょっとしたコツを交換しあったり、ネットのフォーラムで飛行機をめぐる思い出を温め合ったり、あるいは趣味を同じくする者が集う会合などに足を運ぶ。トウガラシファンのあいだにも、愛好者ならではの熱狂を共有する同好の士という身内感覚が確かに存在する。その情熱を分かち合える機会はたくさんあり、トウガラシの試食や販売、料理の実演、大食いコンテスト、音楽好きはチリコンカンのマリアッチの話でよく盛り上がっているが、こうした熱い思いは些末なテーマに向けられた偏愛などではなく、トウガラシフェチであることの堂々たるカミングアウトにほかならない。このような流れはアメリカやイギリス、オーストラリアが中心だったが、現在では、スカンジナビアの国々でも気運が高まり、例年のイベントとして、フィンランドの「チリフェスト」、デンマークの「チリファン・チリフェスティバル」などが開催され、凍てついた北方の国の人々のあいだでも、国内から明かりが灯されようとしている。

ニューメキシコ州立大学のトウガラシ研究所の創設者で所長を務めるポール・ボスランド名誉教授は、トウガラシをめぐるこうした運動を世代的な側面から熱く語る。「研究所を開設した当初、よくこう尋ねられた。『トウガラシ熱は一時的なブームで終わるのか、それとも新たな流れとなるのか』。それから三〇年、そう尋ねられることもなくなった。現在、トウガラシが支持されているのは、若者が辛い食べ物を気に入っているからなのだ。若い世代が辛い料理という文化を受け入れてきたからなのである[2]」

たしかに、それにまちがいはない。いつの時代においても、新たな潮流の多くは若者が生み出し、旧世代は遅れてそれについていった（もしくは、ついていけなかった）。もっとも、リスクを冒してまで新たな経験をしてみたいと心から願う一方、リスクへの見込みが軽んじられるのは若さの象徴であるのも確かだ。しかし、デスメタルのような音楽とは異なり、トウガラシの場合、年齢とともに嗜好がやせ細っていかないのがおもしろい点だ。トウガラシに対する好みがいったん体に根をおろすと、それは一生ものになる。

メディアが増幅させるブーム

今日では、料理についての情報に触れる機会もかつてないほど増えてきている。料理に対する興味などほとんどなくても、使う側のレベルに合わせ、いろいろなソースが豊富に用意されている。また、たくさんの料理書が毎年刊行され、その量は過去七世紀で刊行された料理書の総点数を上回り、都市で暮らす平均的な読者には十分すぎる以上の情報が提供されている。トウガラシフェスティバルやトウガラシ農園に足を運んだことがなくても、印刷物やテレビを通じ、このトウガラシ、あのトウガラシに関する最新の話題に事欠くこともなく、その量はこれまでの世代とは比べものにはならないほど多い。「テレビの料理番組を見る人が増え、さらに多くの人がトウガラシの知識や料理に通じるようになった」とボスランド名誉教授も言っている。実際に体験してみたいことについては、人に聞いたり、読んだりすることがいちばんで、とりわけトウガラシムーブメントは、メディアを通じて広範囲に情報が拡散していく状況を謳歌している。

サウスカロライナ州でパッカーブット・ペッパー・カンパニーを営むエド・カリーも似たようなことを話していた。「ここ数年の出来事には目をみはるばかりだ。ホットソースやサルサが、ケチャップやマスタード、それにマヨネーズを抜き、二〇〇四年には全米で、さらに二〇〇六年には世界規模でも一、二を競う調味料になった。メディアもついに状況に追いつき、新しいもの、ドキドキするものを進んで受け入れるようになったと思った。ＣＮＮのプロデューサーに聞いた話では、私が二〇一一年にＰＢＳの番組（トウガラシの薬理成分の応用を研究するエド・カリーの仕事を紹介した番組）に出る前まで、トウガラシの話題が全国放送されるのは平均年に二回だったという。以来、私は二〇〇回以上もテレビに出て、一万を超える世界のメディアでも紹介されてきた。トウガラシの薬理効果について、その時点で常に最新の話題があり、またユーチューブで個人のチャンネルに対する人気がこの動きに加わり、とくに広告収入が得られるようになるとさらに弾みがついた(3)」

メディアがなにより好きなのはトレンドで、これまでにないトレンドと認めた現象は積極的に紹介される機会が増える。世間に広く受け入れられた文化的な関心事となり、あちこちのメディアで報じられたり、分析されたりする現象は、そもそもメディアが仕掛けた場合が少なくない。ろくでもないもの、下心が見え透いたものも多いが、かならずしもそうしたものばかりではなく、トウガラシのように新たな嗜好が一気に広まり、当たり前のこととして瞬く間に根づいていくきっかけをもたらす場合もある。すでに発生した現象を報じるだけにとどまることもあるが、関心をかき立て続け、対象に斬新な構成を授け、まったく別の現象となった例がいくつもある。

トウガラシの場合、カリーの話にまちがいはない。テレビや大手の出版物で大々的に報じられる以前から、ホットソース、サルサ、トウガラシパウダー、丸のままのトウガラシの市場はすでに盛況を極め、部数は少ないといえ専門の料理誌の記事や特定の読者を対象にした料理ガイドがあちこちで支持されていた。さらに今度はユーチューブで人々は自家製のホットソースを紹介し、それを食べて真っ赤になった顔、辛さに喘いでいる顔、吐き出した様子をアップしている。トウガラシのソースで満たされたバスタブに身を沈め、苦痛で金切り声をあげ、オンラインでこの様子を見ている野次馬にトウガラシの啓蒙を促す動画など、これまでには見たこともない例である。

こうした大騒ぎは、各地でトウガラシフェスティバルが催される流れにひと役買ったほか、トウガラシのオンライン・ショッピングやオンライン・フォーラム、さらに愛好家同士の詳しい意見交換の場を育むことになった。その結果、食物に対する単なる偏愛をはるかに超えて、やがて興味と専門知識を共有するコミュニティーへと変貌を遂げていった。このコミュニティーは、他者と同じ文化を分け合っているという一人ひとりの思いによって結びついている。次章で詳しく述べるように、激辛フェチとは単なるトウガラシ好きではなく、ある種の心理タイプに属していると認められる人たちなのである。

ジャガイモをしのぐトウガラシの薬効

しかし、食べ物の流行にはある決定的な特徴があり、しかもその特徴は、ほとんどの場合、ほかの特徴を圧倒するほど際立っている。これまでにはない、格別な食べ物として知られるぶんにはいいが、その際、健康のためには欠かせない、基本の食物だとどうしても強引に唱えられてしまいがちなのだ。その話に乗せられ、大勢の人たちが店に押し寄せる。昔から世界の各地で何度も繰り返されてきた現象で、当の食物について世間がまだよく知らないときはなおさらである。もっとも、新しい食べ物が毒ではなく、働きもしない金持ちが口にするこれ見よがしの食物でもなく、さらにどこかの蛮族が食べるものではないと受け入れられると、その食べ物は健康を授ける万能の薬と宣伝されて、普及が図られてきた。

ヨーロッパに渡来したジャガイモのように、このような段階を何度か経て受け入れられていった食物がある。当時、多くの学者がジャガイモには毒があり、難病や死にいたる熱病をもたらすと考えた。だが、こうした通説がひとたび退けられると、十八世紀フランスの百科全書派の中心的人物であるドゥニ・ディドロのような大家も、渋々ながらジャガイモを認めるようになった。ディドロはジャガイモについて次のように書き残している。「これを食すと腹部が膨満する。味はデンプン質にまさり、調理しても風味に乏しいが、頑強な小作農の食べ物としては十分だ。量がたっぷりあるかぎり、彼らは何を食べて自分の体を作っているかなど気にはとめないだろうし、とくに腹が張って放屁が続いてもそんなことは気にもするまい」

フランスでジャガイモの普及を手際よく進めたのが薬剤師のアントワーヌ＝オーギュスタン・パルマンティエだった。一七七〇年代には飢えるパリの市民にジャガイモパンのレシピを考案している。さらに著名人を招いた華やかな夕食会を開き、その席でジャガイモを主菜にした料理《ピエス・ド・レジスタンス》を振る舞った。招待された著名人のなかには渡欧中のベンジャミン・フランクリンもいた。時の国王ルイ十六世とマリー・アントワネットには薄紫色のジャガイモの花の花束を贈り、自身の農園のジャガイモを植えた区画には、武器を持たせた偽兵士をわざと立たせ、この謎めいた作物には、盗人を恐れて警備するだけの値打ちがあると世間に印象づけた。

イギリスでは、ジャガイモは旧教カトリックの手先と見なされ、一六八八年には憲法によって栽培が公的に禁じられてしまったほどだったが、正規の手段に頼らなくてもこっそり持ち込まれる機会は常にあった。こうした状況は十八世紀になっても変わらなかった。「カトリック、反対」が声高に叫ばれる政治の動乱期では、同じように厳しい禁止令で「ジャガイモ、反対」が徹底された。もっとも十九世紀を迎えるころには、イギリスの料理人もあぶった肉のまわりにジャガイモをあしらい、工業都市ロンドンでは、労働者が通うウナギとパイの店でマッシュポテトが食べられていた。

ジャガイモは目をみはるほどたくさんの実をつける。単一栽培の弊害で一八四〇年代にアイルランドのジャガイモが不作に陥ると、ジャガイモ飢饉が発生して、アイルランドは壊滅的な状況に陥った。ヨーロッパでは、滋養満点であるがゆえに、ジャガイモは日々の料理に広く取り込まれるようになった考えられてきた。体が痛むような長い苦しい労働の一日でも、ジャガイモさえあれば激しい肉体労働に耐えることができるうえに、手ごろな金額で満腹になれる食べ物として重宝されていた。

現在語られているトウガラシの薬効には、ジャガイモについてこれまで唱えられてきた効果をしのぐものがある。まず、寿命を延ばせる食べ物であること。がんや心臓疾患、糖尿病を防いでくれる。脂肪の燃焼を促し、体重を減らせる。血圧を下げることもできる。悪玉コレステロールを減少させる。細胞を再生させる。腸の調子を整え、炎症を中和させる作用がある。健康な肌を保ってくれる。鼻づまりを治し、偏頭痛を抑えてくれる。さらに気分を高揚させてくれる。こうした効用のすべてが実証されているというわけではないにせよ、前向きな思いにはさせてくれそうである。

インチキ薬《スネークオイル》の成分構成

健康と幸福をもたらす処方箋としてのトウガラシの歴史は、アメリカの開拓時代にまでさかのぼることができるだろう。西へ西へと進むこの国の偉大なる時代、開拓地に移り住んだ一家が苦しい毎日を過ごしていたころ、万能薬と思えるものについてはなんであれ、人々は喜んで耳を貸していた。巡回医たちも幌馬車のうしろで奇跡の万能薬を売りつけていた。集まった人々のなかに助手をサクラとして紛れ込ませておき、奇跡のようなこの薬のおかげで死の淵から逃れられたと声をあげさせる芝居が頻繁に行われていたが、どこからどう見てもインチキだとすぐにわかり、大半は嘘だと暴かれていた。それにもかかわらず、誰もがそんな医者の話に熱心に耳を傾けていた。

日々口にする食べ物に、命を支える成分を探そうとするのは、とりたてて非合理的な話ではないだろう。ちかごろではその対象も、医師のきちんとした処方箋から、専門店で売られている栄養補助食品や人目を引く宣伝文句——食物に含まれる各種の天然成分を謳っている——の食品に変わりつつある。だが、食事という生きるうえでの基本の行為を介し、長寿へといたる黄金の鍵を見つけたいという強い思いは、私たちの心にいまも根強く残っている。それどころか、狭心症、心筋梗塞などの冠状動脈性心疾患や脳卒中、肥満といった症状が、もので溢れる豊かな生活に悪意をもって忍び寄ってきている現在、その思いは以前にもまして強くなっている。

カプサイシンの薬理効果をめぐる最近の研究には、胸をときめかすものが少なくないが、できるだけ距離を置き、すぐに飛びつくのは控えたほうがいいだろう。大半の人たちにとって一度に食べる量がたかが知れている以上、トウガラシの効果について、量に見合った効果を考えたほうがいいからだ。一個のトウガラシをサラダや炒め物に加えても、違いが現れるような一日の栄養摂取量には遠く及ばない。第1部で紹介した中国の調査研究に見られる最も有望な結果は、トウガラシをふんだんに使った料理や薬味を日々食べている人たちが対象の記録なのだ。激辛のホットソースへの好みは一気に広まったが、最も献身的な激辛フェチでさえ、トウガラシの日々の平均摂取量は、ブータンや四川省の住民、インド人、タイ人をしのぐものではない。こうした国々の人たちにとってトウガラシとは、日々の食事における塩のようにあって当たり前もの、決して欠かしてはならない食材なのだ。

カプサイシンのサプリメントを服用すれば、濃縮された成分を毎日摂取できると謳っているが、栄養補助食品とその効能書きは、食べ物としての栄養価にしても、薬としての効果にしても、いずれも限られた範囲にとどまる。つまるところ、毎日のサプリメント——おそらくカプサイシンだけではなく、それ以外の現在服用している錠剤も含め——の効能は、これを飲めば長寿と満足感、つややかな肌になれるなどというバラ色の効能を並べ立てていながら、どうやらあまり意味のない約束のように思えてくる。

カプサイシンの健康上の恩恵を得るなら、そのままのトウガラシやそれを材料にした製品を食べたほうがはるかにその気にさせてくれる摂取法だ。ただ、あの口を焼くような辛さと、そのあとの尻さえ焼くような消化後の痛みを苦手とする人が多いので、普段から食べる気にはなれないという人がいる。現在の欧米で、トウガラシフェチの話が、心理学や感情的な領域に属するテーマとして語られている最大の理由がまさにこの点だ。つまり、彼らのトウガラシに対する偏愛は、単なる好き嫌いの領域を超えた問題なのである。彼らにとってトウガラシを食べることは、ある種の達成感を得るためであり、しかもその達成感は、一見すると健康や食物を食べる喜びとは正反対のものを征服したことで得られる。

この話はともかくとして、健康産業の周辺で語られている野放図な宣伝文句に対して、健全な疑問を持つことはむしろいい薬になるだろう。インチキ薬《スネークオイル》は誰の寿命も決して伸ばせなかったが、それを売りつける側は、正しい食べ物に対して客が抱く思いについて、偏見にとらわれることなく、正確に見抜いていた。この手の商売の秘訣は、ガラクタのなかからいかに金《きん》を見つけ出すかにあるのだ。

一九一六年五月、ロードアイランド州の地方検事は、州都プロヴィデンスで怪しげな商売を営むクラーク・スタンリーを訴追した。スタンリーは〝ガラガラヘビの王〟を自称する、まがいものの塗り薬の販売業者だった。この薬を使えば痛みが消えて歩けるようになる。リウマチ痛、神経痛、座骨神経痛、喉の痛み、歯の痛みなどの症状を和らげ、動物や虫、ヘビなどの有毒な咬傷の解毒剤や刺し傷の治療薬として使えるなどさまざまな効果がある。それでいてこの薬は一瓶たったの五〇セントと説いて売りつけていた。連邦地方裁判所の依頼に基づいて「スネークオイル」のサンプルを分析した農務省化学局は、この塗り薬にはヘビに由来する成分はまったく含まれていない事実を明らかにした。スタンリーは罪状を認め、違法表示の罪で二〇ドルの罰金を課された。

この塗り薬に薬としての価値があったのかどうかは、ここではとくに重要な話ではない。薬の成分がスタンリーの唱えていた成分と違っていただけの話にすぎない。分析された薬には、灯油にラード少々、わずかな樟脳とテレピン油――おそらくこの二つは薬らしい匂いづけのために用いられていた――そして、トウガラシが混ぜられていた。(4) 以来、イカサマ治療、医者を自称するいかがわしい詐欺師、怪しげな医薬品を売る国籍も定かでない小売業者など、ありとあらゆる種類のペテン師たちを意味する言葉として、「スネークオイル」は永遠のシンボルとなった。その不動の評価を得るうえで、この裁判はひと役買っていたようである。

実を言うと、現在のカプサイシンクリームと、スタンリーの塗り薬の成分はほとんど同じものなのである。

第15章◉男だけの世界——トウガラシは男の愉悦

筋金入り《ダイハード》のトウガラシ喰い《チリ・イーター》

トウガラシムーブメントが起こり、さらに辛い品種のトウガラシの開発を競い合っている事実からうかがえるのは、猛烈な辛さへの嗜好とは、圧倒的に男たちの関心事であることに異論の余地はないだろう。二十一世紀を迎え、威厳を保ったまま、無傷で生き残れたと言い切れる文化現象はそう多くはないが、舌が焼けるような辛い食べ物を口にする運動は、そうした希有な例のひとつなのだ。

その理由として、トウガラシの官能的な魅力や食後に覚える放心感など、すでに定説となった理由もあるが、きわめつけはやはり、心からトウガラシを愛する者の存在に尽きるだろう。ラドヤード・キップリングの詩〔キップリングは『ジャングル・ブック』で知られるイギリスのノーベル賞作家。ここでいう詩とはキップリングが一八九五年に書いた「イフ——」という作品を指す〕に倣って言うなら、「周囲の人間が辛さで我を忘れ、ミルクで辛さを流し去っていても、君が燃えるような真っ赤なチリコンカンを平らげ、それでも冷静でいられるなら、息子よ、君はもはや一人前の男だ」ということになる。

いろいろな意味で、これは当たり前と言えば当たり前の話なのだ。トウガラシを食べる行為は、これぞ男の振る舞いと見えるスイッチをすべてオンにすることを意味しているからである。だが、トウガラシを食べることには紛れもないリスクも伴う。早食いや大食い競技会に参加する者のなかにも、決して楽しいことではないと考える者もいるぐらいだ。嘔吐はその手始めにすぎず、そうしたリスクにひとつとして食道への激しい炎症を起こす可能性も含まれるのなら、この競技は向こう見ずな行為によって、人生を台なしにする怪我を負う危険性を秘めた過激なスポーツとあまり変わらない。

戦場に赴く兵士は課された任務を遂行するため、あえて危険に冒す事態に立ち向かわなくてはならないが、そこにはそうしなくてはならないという覚悟が働いている。それだけに、無意味なリスクをみずから進んで取っていくには、勇気をまったく別のレベルに押し上げなくてはならない。人によっては無謀だと見なす者もいる。しかし、筋金入り《ダイハード》のトウガラシ喰い《チリ・イーター》は、そんなリスクに直面しても笑っている。カプサイシンが自分に何をなそうが、ひるむことなく引き受ける覚悟はできており、無事に生還してその話を伝えなくてはならない――もっとも、口中の柔らかい細胞の炎症が鎮まり、ふたたび言葉を発する状態に戻ってからのことだが。トウガラシ喰いの胸のうちには、そんな向こう見ずな思いが息づいている。

もうひとつ見逃せない点は、このコンテストが競技であることだ。キャロライナ・リーパーをただ完食しただけでは十分ではないのだ。誰よりも速く、しかも誰よりもはるかに多くのリーパーを食べなくてはならず、それが達成されたときにほかの者みなすべてが自分にひれ伏す。リスクをあえて負うとはどういうことなのか。その手本を示すあらゆる行為には、誰が最も大きなリスクを負い、しかもどれだけ長くそのリスクを負っていられるのか、そうした点から判断される生き様のような価値を常に伴っている。

危険な行為に手を出す男たち

かつてイギリスでは、似たような称賛がインド料理のレストランで辛さを競い、それに勝った者に捧げられていた。勇ましくビールを飲んだ夜によく行われ、メニューには辛いものから順にソースが並んでいる。ごく穏やかな味付けのコルマ〔ヨーグルトやクリームをベースにした肉や魚の煮込み料理〕に始まり、ローガン・ジョシュ、マドラスへと進み、さらに口のなかを火の国に変えるヴィンダルー、ファールへと続いていく。メニューはそれぞれ料理の辛さを教えるためにあるのではなく、次のレベルの辛さに果たして耐えられるか、自分の限界を知るために用意されていた。

ヴィンダルーを完食できた喜びの半分は、酢漬けのライムを食べることにさえ怖じ気づいていたまわりの連中が、自分に覚えている深い畏敬の念に根ざしていた。これなど、今日のトウガラシの早食い大会とまったく変わらない光景だ。当人は心から堪能して食べている激辛料理なのに、同時にそれが周囲の者みなすべての驚きに変わることほど心が浮き立つ体験はないだろう。残らず平らげたうえに賞金や認定書が授けられるなら、もはや言うことはない。

リスクや競技という点以外にさらにつけ加えるなら、トウガラシを食べることは、男だけに許された、まったく無償の行為という事実があげられる。トウガラシそのものは栄養面でも優れた食物だが、さらに辛いトウガラシ、それよりもっと辛いトウガラシを制覇しても、それで何かが得られるわけではない。また栄養ということなら、ほかの食材のほうがはるかに手軽に得られるし、激辛ではないトウガラシでもいいはずだ。言うならば、激しい辛さのトウガラシを食べる行為には、実用性とは無縁の崇高な面があるのだ。イギリスの登山家ジョージ・マロリーの有名なひと言を彷彿とさせるのはその点である。

「そこにエベレストがあるからだ」とマロリーは言った。(1)一九二三年、「エベレストに登るのは超人の事業」と題された「ニューヨーク・タイムズ」のインタビューで、彼がなぜ世界一高い山の頂上を目指すのかという問いにマロリーが答えた返事である。このインタビューの翌年の第三次遠征の途中、エベレスト北壁でマロリーは消息を断つ。

はじめて何かを成し遂げたり、あるいは賞を獲得したりして称賛を得るにしても、危険な行為を冒す必要がなければ、あえてそんな真似をすることはないだろう。それでも危険な行為に手を出すのは、ありていに言えば、スリルを味わうためであり、みずからの生存理由《レーゾン・デートル》を文字通り実感するためなのである。例年、『ギネス世界記録』の世界一辛いトウガラシにエントリーがあるのは、それを食べてみたいという向こう見ずで、筋金入りの激辛ファンがいるからである。

トウガラシを食べる行為をめぐり、男性にうかがえるこうしたさまざまな特徴は、もちろん、女性には当てはまらない。ひたむきな激辛フェチの胸のなかで、トウガラシがかき立てるおのれを虚しくせよという精神は、女性の人生にほとんど見当たらない。女性が自身の存在を変わらずに際立たせているのは、肝の太さが求められる状況、あるいはフェアな戦いが求められる分野においてなのだ。それだけに、トウガラシムーブメントで圧倒的に男性が支配的であるのは、それなりの理由がきっとあるはずだ。それらのなかでも、真っ先に指摘できる理由とは、進化心理学と文化的習慣がひとつになったもので、これを理由に男性は、歴史を通じて競ってリスクを負うようになり、さらに対価を求めずに危険と向き合うようになっていった。

太古の昔、こうした振る舞い方を通じて、狩猟民社会に合理的な階層組織を生み出され、彼らの活動によって、社会全体が生存していくことに役立った。また、このことは最良の伴侶を選ぶ際にも決定的な意味を持つようになる。肉体的に最も強靱なら、最も優秀な男性である可能性があり、さらに強い生命力を持つ子孫を産める確率もそれだけ高まる。こうした傾向はいまでも自然界に普通に見られる。

ただ、文明化とともに文化が複雑になるにつれ、人類ははるか昔にこうした流れからそれていき、その結果、地球に生息するほかの種とは異なり、自然に支配されるままの状態から脱することができた。それでも、遺伝子に刷り込まれたような太古の影響がまったく消えたわけではない。第二次世界大戦後、性の違いによる壁を乗り越えようとする政治の努力にもかかわらず、性差をめぐる古くからの決まりは頑固なまで残り、打破されることをかたくなに拒んできた。とりわけ男性の側からすれば、なかなか頭を切り換えられない彼らにとって、そのほうがたくさんの恩恵にあずかれたからである。

痛みに対する男女の違い

性差をめぐる論争のひとつとして、男性と女性の痛みに対する相対的な耐性の違いという問題がある。昔から繰り返し論じられてきたテーマだ。激辛フェチに男性が多いのは、男性のほうが焼けるような辛さに対処する能力が、女性よりも単に上回っているせいなのだろうか。陣痛の苦しみに耐えられる女性は、痛みに対して男性よりも強いという説が広く信じられている。陣痛の痛みは大げさすぎるものの、この説から男性のほうが日常的などんな些細な病気に対しても、過敏だという通説が生まれた。とはいうものの、その証拠のほとんどはこの説とは逆の事実を示している。

この問題には二つの要素がかかわっている。ひとつはどの時点で痛みを感じるようになるのかという閾値《いきち》の要素であり、もうひとつはその痛みに対する耐性だ。実験を通じてこれを計測するのが難しいのは、痛みが主観的な反応だからで、前述したように、痛みに対して男性には文化的な抑制が働き、男らしさという自分の面目を保つため、素直に痛いとは言えずに我慢しているのかもしれない。しかし、耐えるふりで痛みは本当に我慢できるのかという疑問が残る。結局、フロリダ大学の研究チームが二〇一七年の実験で試したように、みずから進んで痛みを耐えるかどうかという問題は、唯一、動機づけしだいで決まるという話になってきそうだ。

このときの実験では、凍るような冷たい水が入った容器に、片手を五分間浸けておくようことが被験者に求められた。被験者のうちある者には、五分間我慢できたら一ドルを提供すると約束し、ほかの被験者には二〇ドルが提供されることになっていた。女性を対象にした実験では、金額の差によるインセンティブの違いは見られなかったが、男性の場合、二〇ドルを約束された被験者は、一ドルの被験者に比べて、さらに長時間にわたり手を浸けていた。この実験から、動機付けされた男性は、女性に比べると、痛みに対する耐性が高まるという事実がうかがえる。実験を指導したロジャー・フィリンギムは、実験結果は、女性に対して金銭は動機付けの要因にはならないことを単に示しているだけだと言っている(2)。

痛みに対する女性の耐性は、かなりの部分、エストロゲンという女性ホルモンに左右されている。月経周期においてエストロゲンの分泌が少ない時期になると、痛みに対する女性の感受性は高まってくる。半面、エストロゲンを注射された雄の実験動物——この手の実験はあまり想像したくはない——は、エストロゲンを注入されていないほかの雄に比べて、痛みに対する忍耐力の低下を示すようになる。また、雌の実験動物に男性ホルモンの一種であるテストステロンを投与すると、痛みへの耐性が高まる。さらに、雌からエストロゲンを取り除いた場合、雄の実験動物がそうであるように、やはりストレス反応を示すようになった。

この点を踏まえて考えると、女性ホルモンの作用とは、痛みに対する感受性を鈍くさせるのではなく、痛みに対する認知のスイッチを入れることにそもそも関係していることになる。そう考えると、オピオイド系鎮痛剤〔慢性痛の鎮痛剤で中毒性がきわめて高い〕の効果が、男性より、なぜ女性の場合に高いのかという事実にも納得がいくし、なぜ性差を考慮した鎮痛剤が存在するのかもうなずける(3)。

エド・カリーは、激辛トウガラシの愛好家との直接の交流を踏まえ、この問題について当事者としての見解をいささか加えている。カリーは、辛さに耐えられる能力と、それを誇示する欲求は分けて考える必要があると信じている。「辛さに耐えられる能力は〝マッチョ〟とは関係ない。私の客のおよそ六〇パーセントは女性で、女性ならではの体の強さのおかげで、彼女たちはとくに問題なく普通にトウガラシの辛さを楽しんでいる。しかし、激辛コンテスト、これがやはり男たちのものであるのは、女性は私たち男性のように、自意識にあおられた馬鹿者ではないからだ。結局、激しい辛さに向けられた愛には男女の違いはない(4)」

強い刺激を求める者たち

トウガラシを食べて辛さを競い合うのは、過激な刺激欲求に駆られた者の専売特許にほかならない。一九七〇年代以降、この種の行動を示すタイプに対し、何がそのような行動へと本人を駆り立てるのかを解明するためにさまざまな研究が行われてきた。「刺激欲求《センセーション・シーキング》」（SS）に駆られた者が渇望するのは、これまでにないほど強烈で多彩、しかもやすやすとは克服できそうにもない複雑な体験で、それが実現できるなら、肉体的なリスクや社会的なリスクを被る覚悟も本人にはできている。フルコンタクトのスポーツ、性的な逸脱、ドラッグの使用、無謀な車の運転、ギャンブルへの病的な執着、もちろん激辛料理への嗜好もそのなかに含まれる。

こうしたタイプの人間を過剰な刺激へと駆り立てるのは、脳内で起きている報酬系をつかさどる神経回路の活性化で、とりわけ神経伝達物質のドーパミンが放出されることによって引き起こされる活性化だ。ドーパミンは人体で生成される主要な天然の化学物質のひとつで、放出されると気分が高揚する。猛暑の日にキリキリに冷えた水を一杯飲んだとき、肉体的な快感を覚えるのは、体全体が最終的に気持ちいいと感じる行為を行うことを奨励する、脳の仕組みに基づいた行為だからだ。

そして、あるタイプの人たちにとって、この報酬系は危険を省みない行為によって活性化されるのだ。彼らにとってコップの水はただの水でしかなく、ある意味で、めくるめくような刺激が足りない。ハンググライダーで空を飛ぶ、ルーレット台の賭けに運命を委ねる、タイ料理のフルコースを食べる、超激辛のトウガラシを口にすることでドーパミンが放出される。さらに興味深いのは、彼らの場合、ドーパミンの放出レベルが高い点である。その結果、彼らの報酬系はほかの人たちに比べ、さらに高い地点からスタートする。アグネス・ノーブリーとマスド・フサインの二人が、二〇一五年に「行動神経科学リサーチ」誌に発表した論文には、最近の研究を通じて「刺激欲求レベルが高い人格の持ち主の場合、内因性のドーパミンの放出レベルが高く、次なる報酬の合図に対するドーパミンの反応がさらに高まる点が明らかにうかがえる」(5)ことが立証されているとある。

これが男性と女性の性の違いにどのように関係してくるのだろう。ノーブリーとフサインは、その理由のひとつについてこう記している。

強い刺激欲求を求める者のなかには、アンフェタミンとコカインなど、つまりドーパミン受容体を直接刺激する薬物に手を出す者がおり、彼らはこうした薬物に対して、さらに精神的な高揚感が得られる増加反応を示している。これらは、アンフェタミンとコカインのようなドーパミン反応をダイレクトに引き起こさない、鎮痛剤や精神安定剤、アルコールなどの精神活性物質についても言えるという。また、男性に比べると、女性のほうが覚醒剤によるドーパミンの放出量は多いという。だが、刺激欲求が激しい男性の場合、ドーパミンの放出と作用のあいだには、さらにはっきりとした相関関係が認められる。これにはホルモンの調節が関係している。男性ホルモンであるテストステロンのせいで、男性の場合、ドーパミンの伝達が活発になるのだ。

簡単に言うなら、女性の場合では、覚醒剤によって男性よりも多量のドーパミンが放出されるが、男性では、伝達が活発になるぶん、女性よりも少ない放出量のドーパミンでも気分がハイになれるのだ。もちろん、カプサイシンは覚醒剤ではない。しかし、こうした刺激は共通の経路をたどって最終的にドーパミンが放出されている。ドーパミン反応と報告されている主観的な感情——高揚感、恍惚感、官能的な満足感——とのあいだには、とくに男性の場合、正の相関関係が存在することがこれまでの研究で明らかにされている。

もっとも、ケンブリッジ大学の認知神経科学助教（当時）のアグネス・ノーブリーは、刺激欲求に対する男性被験者と女性被験者のあいだにうかがえる感受性の差を、肉体的な違いにつて疑いもなく結びつけることについてこう警告する。「アンケート調査の点数に見られる男女の差異に関係する、生理的な違いや生物学的な違いについて、それを証明する有力な証拠は何もない。たとえば、十代の男性や成人男性に見られるトウガラシへの嗜好のような衝動欲求行動については、ある種の生得的な生物学上の違いが考えられる以前に、性別による社会の条件付けが強く影響していると見なされている。疑う余地なく信じられているこうした説については、割り引いて考えてみることが大切だ[7]」

言い換えるなら、女性の口はトウガラシの辛さになかなか順応できないからという理由で、男性のほうがトウガラシの摂取に秀でているという考えをもて遊んではならないのだ。

それはともかくして、エド・カリーが深い含みを帯びた調子でこう語っている。「快楽と苦痛が対立するものであるかぎり、それが人生のよきものであっても、完全に両立させることはできない」

「男性馬鹿理論《メイル・イディオット・セオリー》」

なぜ激辛トウガラシを食べる者には男性が圧倒的に多いのか。それを解き明かそうとしたが、頼みの綱と考えていた説は、最も不確実な推測に基づき、根拠にも乏しい仮定にほかならなかったようである。しかし、男性が、本質的に馬鹿げた行為に取り組み、子供じみた悪ふざけに興じ、わざわざ自分を愚か者に見せるような行為をしたがるのはどこからどう見てもまちがいはない。ある種の通過儀礼――その儀式は危険という点ではこのうえなく危険で、品のなさということではこれ以上下劣なものはない――にこだわり、人生においてかけがいのないものを求める際に、大げさすぎるほど感情を移入して向きあおうとする姿にも明らかにうかがえる。

「男性馬鹿理論《メイル・イディオット・セオリー》」(ＭＩＴ)で知られる、近ごろ唱えられているなにやら科学めいた理論では、避けようとすれば避けられた悲惨な死亡事故の少なくとも九〇パーセントが、男性による無謀な行為によるものだったという。ただ乗りして帰宅しようと、列車のうしろにショッピングカートをつないで死亡した男性の例、あるいはエレベーターのワイヤーを盗もうとして、自分が乗っていた籠の鋼索を切断、そのまま籠ごと墜落して死亡した男性の例など、世知辛い世の中を渡っていく方法としては、いずれも余人には真似のできない気概に溢れていたかもしれないが、天寿をまっとうする前にこの世を去ってしまった。

ありがちな危険行動をめぐり、男性と女性を分かつ境界線があるとするなら、愚かさを極め、必要もないリスクを被る点において、はっきりとした一線が引けそうだ。二〇一四年に「イギリス医師会雑誌」（ＢＭＪ）に発表されたＭＩＴ理論の著者たちは次のように記している。

馬鹿者が負うリスクとは意味などないリスクで、リスクに伴う結果が明らかに軽んじられているか、もしくはリスクはそもそも存在しないと見なされている。リスクの対価は非常に悲惨な結果をもたらすことが多く、死にいたる場合も少なくない。男性馬鹿理論を踏まえれば、こうしたリスク志向行動にうかがえる多くのパターン、救急処置が施された例、死亡した例などは、当の男性の愚かさと、馬鹿者ゆえに冒す愚行の点から説明できるだろう。

目を覆うような破滅的な行動を冒してしまう理由のひとつに、アルコールがあげられそうだが、男性のほうが女性よりも大酒飲みとはかならずしも言えない。ただ男性は、酒を飲んでいるとつい酒に飲まれてつけ上がり、女性には思いもつかない愚かな行為に手を出してしまいがちだ。あまりにも悲劇的で、笑うに笑えない実際の話に見られるこのような結果のひとつに、交互に酒をあおりながら、ロシアンルーレットに興じたカンボジアの三人の男の例がある〔この話は後出するダーウィン賞で次点となった一九九九年度の例〕。彼らは酒を飲んでいるうちに、ロシアンルーレットだと言って裏庭で見つかった対戦車用の地雷に順番に飛び乗ってしまった。結局、地雷は爆発、三人全員と飲んでいた店が吹き飛んだ。
こうした愚行を行う者のなかにはダーウィン賞にノミネートされる者もいるが、たいてい場合、当人はすでにこの世の人ではない。ダーウィン賞とは、種としての人類にとって最適な者を残すため、天性の愚か者がリスクを正しく理解できない行為を通じ、人類の遺伝子のプールから自分の遺伝子をみずから進んで抹消した者に贈られる賞である。二〇一四年度には、ノミネートされた八八・七パーセントを男性が占め、際立った統計的有意性を見せつけた。

男性のこうした危険行為は、外部要因によってある程度説明できるだろう。男性の場合、高いリスクが伴う職業につく可能性が高く、またスポーツをやるにしても荒っぽい種目にかかわる場合が少なくない。だが、「イギリス医師会雑誌」に寄稿した著者たちに言わせると、それだけでは説明がつかないらしい。「リスク愛好型行動に見られる男女の差は、さらに若年のころから見られると報告されており、こうした行動が社会的格差や文化的な相違に、はたしてどの程度純粋に由来しているのかという疑問を投げかけている」。また、リスクそのもののタイプについて区別しておくことが大切だ。「フルコンタクトのスポーツ、スカイダイビングのような冒険心を優先させる行為とは本質的に異なるリスク――馬鹿者が冒すリスク《イディオティック・リスク》――とでも言うほかないタイプのリスクが存在している[8]」

ここでひとつの疑問が頭をもたげる。では、こうした領域のうち、トウガラシを食べるリスクははたしてどこに位置づけられるのだろう。超激辛のトウガラシを食べることもまた、馬鹿者が冒すリスクなのだろうか。論文の共同執筆ベン・レンドレムは次の用に書いている。

トウガラシの大食い競争について言うなら、リスクはまぎれもなく存在し、少なくとも嘔吐を催し、最悪の場合は死にいたる。主に男性によって行われ、明らかなリスクを伴っているので、そうした競技として分類されるべきだ。競技で優勝すれば、それにふさわしい称賛と褒美が得らえるので、これは馬鹿者が冒すリスクではないと言えそうだが、競技会とはいえ、その種類や規模はさまざまで見返りも千差万別である(9)。

トウガラシの辛さを味わう料理は世界中で作られ、男女の別なく食べられている。だが、大食い大会や早食い大会になると話はまったく違う。もし、掛け値なしの馬鹿者が冒すリスクというものが存在し、さらに兵士が戦場で負うような、生存率に基づいて細密に区分されたリスクがあるとするなら、私たちが探究しているリスクとは、この二つのリスクのあいだのどこかに存在している。そのリスクとは、あえて負う必要などまったくないが、それでも見返りが得られるリスクで、生存率は正確に予測できないものの、わざわざ冒すことで満足を与えてくれるリスクだ。チームが一丸となり、後先を考えずに必死になって勝利を目指すスポーツが負っているリスクと、「医師会雑誌」の共同執筆者が唱える馬鹿者が冒すリスクというくくりが、そこでひとつに重なり合うようにも思えてくる。

二〇一六年、四十七歳の男性がインド生まれのブート・ジョロキアを食べる競技会に参加した。幽霊トウガラシとして有名なあの激辛トウガラシだ。この男性は食道に幅一インチ（二・五センチ）の裂傷を負った。命はからくも取り留めたが、それから集中治療が三週間にもわたって続けられた(10)。私自身、とくにこんな例で得られる苛酷な称号はほしいとも思わない。こんなことで世間の注目を集め、同じ災難に見舞われて苦しんだあげく死ぬかもしれないと考えると、そこまでおろかな真似をして同じ道をたどる必要はないようにも思えてくる。男性が冒してしまうたわけ者のリスクにも、まったく同じことが言えるだろう。

しかし、それでも男たちはやめられなかったし、これからもやめることはないだろう。トウガラシを口にする楽しみや、あるいは自分の忍耐強さを明らかにしようという彼らの決意は、いったいどの地点でダーウィン賞が説いている、「みずからの劣った遺伝子を抹消」する行為になり果ててしまうのだろうか。

第16章 ◉ 味覚のグローバリゼーション——トウガラシは人類を救うか

世界中で同じものを食べる不気味さ

ポストモダンの世界において、味覚の進化はとてつもないパラドックスに満たされてきた。先進国の毎日の食事は、人類史上かつてないほど広い範囲のもとで成り立ち、現代人に開かれた食べ物の領域は際限なく広がって、父や母が若かったころにはまごついていたような食べ物で溢れかえっている。祖父母の世代からすればなおさらで、世界はまったく未知の食べ物で埋め尽くされている。現代では、食べようと思えば誰もが日替わりで中華料理、インド料理、メキシコ料理、モロッコ料理、ギリシャ料理、タイ料理、イタリア料理を食べ、しかも繰り返して、何度も味わうことができるのだ。

こうした料理の大半はファストフードやスーパーマーケットの惣菜として食べられ、若い世代は経験によって徐々に身につけた知識を使い、好きな料理を気軽に注文している。民族料理とは縁のない料理を食べさせる店がある一方で、さまざまな民族料理が食べられるレストランがこれまでにも存在してきた。そうした料理の多くは、現地で作られている味そのものではなく、その特徴的な味わいをもっときわだたせ、少なくともその料理の特徴がもれなく味わえるように調理されている。

食べ物をめぐる多様性はますます広がり、再現された民族料理の味わいは微妙に異なるとはいえ、同時に味の均質化が休みなく進んでいる。タマル〔メキシコ料理。トウモロコシの粉で作った生地〕、芙蓉《フーユン》蛋《ダン》〔オムレツに似た中華料理〕、ジャルフレージー〔南アジアのカレー〕、スティファド〔ギリシャのシチュー〕を食べさせる店もあるが、なかでも世界を横断するように食べられているのは、ハンバーガー、フライドポテト、ピザ、フライドチキン、サンドイッチ、タコス、ドーナッツ、アイスクリーム、チョコレートなどで、いわば世界共通の食べ物の基礎をなしている。

　これは、かつて世界の多くの国を植民地としてきた西側世界による食の覇権だ。発展途上国では、こうした食べ物はその国ならではの料理に替わるものとして、若者たちによって瞬く間に取り込まれたが、彼らの固有の食事のスタイルこそ、西洋人が熱心になって研究してきた料理だった。全世界に展開する最大級のハンバーガーチェーンがヨーロッパ、とくにフランスに全面的に進出した際には、地中海に面したラングドック＝ルシヨン地域で、規模こそ小さかったものの、つかの間、農家のあいだで激しい異議申し立ての嵐が吹き荒れた。啓蒙時代の昔から世界の美食の砦として知られたこの国では、巨大な外食チェーンの進出は、単に嗜好の変化を意味する大事件にとどまらず、文化をめぐる大変動でもあった。

　もちろん、フードライターはこんな事態を嘆いたのだろう。その結果、さまざまな運動が沸き起こり、世界的なハンバーガーチェーンに対抗した。特定の食材の原産地を保護しようと、世界各地の制度が導入された。保護を受けた地元産の特定の食材や、あるいは近隣地区の生産物だけを食べる運動も行われた。スローフード運動では、人々は時間をかけて食事し、われわれの先祖がそうだったように、食べることに思いをめぐらしながら、しっかりと料理を味わった。

　月齢にしたがって栽培された作物や、有機肥料を極力控えて育てた作物だけを食べるという運動もあった。また、一人ひとりの食事だけでなく、地球全体のエコロジーのバランスを整えようと、肉や魚、乳製品、加熱食品、加工食品、固形食品、祖父母の世代が耳にしたことがないような成分を含んだ食品、さらには石器時代を生きたご先祖様が利用できなかった食物――当時、彼らは先史時代のアフリカの草原でわずかな食べ物を集めて生きていた――を口にすることを控えた。

いずれの運動も企業の影響下にある食の束縛から逃れるためだった。豊かな国の大半は食品企業が提供する食べ物にすでにしっかり囲い込まれていた。とはいえ、こうした運動もグローバル化した食べ物に対しては、影響らしい影響をほとんど与えられなかった。それどころか、地域によってはこの運動を通じて、いわゆる汚い食べ方《ダーティー・イーティング》や浅ましい食べ方《ギルティー・イーティング》などという、挑発的で開き直った反動を引き起こす結果を招いた。グルメバーガーやプールポーク〔豚肉の塊を低温でじっくり調理してほぐしたもの〕、スタッフドクラストにたっぷりのトッピングを乗せたピザに文句を言えるのは、朝食はポリッジで、サンドイッチに人参を入れて食べているような人だけである。

辛さに秘められた深い可能性

食べ物の均質化はともかくとして、トウガラシの影響は好ましい発展を遂げてきた。ある意味、トウガラシがこうした世界に共通する食べ物に取り込まれていくのは必然でもあった。チリバーガーやチリドッグは西側の食のレパートリーに浸透してすでにそれなりの歴史を持つようになり、日々のありきたりな食事を刺激あるものに変えてきた。メキシコ料理が徐々に変化を遂げ、メキシコ風アメリカ料理のテクス・メクス料理が生まれると、どうしても見劣りがするそのファストフード版は、食材としてトウガラシを取り込んだ。トウガラシ以外の食材ではこうはいかなかっただろう。

発祥はさておき、チリコンカンは十九世紀以降、アメリカの国民料理となった。一方、ナポリの地から舫《もや》いを解かれ、世界各地に流れていったイタリアのピザは、やがてなんでも受け入れる料理となり、生地のうえにさまざまなトッピングを乗せてきた。なかでもトウガラシは決め手のオプションで、実際、ペペロンチーニ、チェリートマト、水牛のモッツァレラの美味であふれるカンパーニャピザでは古くから使われてきた。このピザは、パイナップルをトッピングするような英語圏のピザとは年季が違うのだ。もっとも、パイナップルを盛りつけるような傾向は、味をいささかでも際立たせてみたいという思いに駆られたものであり、目くじらを立てて非難されるようなことではないだろう。

トウガラシ研究所のポール・ボスランド名誉教授は、「トウガラシの辛さは、塩と同じようなもの。トウガラシで料理の味は深まるが、塩と同じように、使いすぎると料理は台なしになる」(1)と言っている。単調な味わいを調えるには、調味料で味を引き立てるのが最も手早くて手軽にできる方法だ。繰り返し言われてきたが、西側社会では、塩分の取り過ぎによる健康への影響はいまや警戒レベルにまで達しており、香辛料についても同じことがよく言われている。トウガラシを使うこと――パプリカであれ、カイエン・ペッパーであれ、あるいはチリパウダー、ホットソースであっても――は、すでに十分辛い料理をさらに辛くするために使われている。バランスを考えろと説く、ボスランド教授の指摘は言うまでもなく正しい。

トウガラシムーブメントで明らかになったのは、辛味という感覚にはさらに深い可能性が秘められている点だ。もっと正確に言えば、トウガラシを食べて、口や全身の器官に残った辛さがもたらす効果である。トウガラシを使うことで料理はまったく別のものに変わる。味蕾に喜悦をもたらし、気持ちよくさせるだけではない。これを食べた者の体にもしばらくのあいだ変化をもたらす。最も劇的な兆候は、食べた者の心の状態に現れる。また、刺すよう辛さは食べ物と人間のかかわり方を逆転させた。飽きるまで食べ続けられないので、食べ方そのものが変わった。友人とおしゃべりをしながら、あるいはテレビを見ながら、心ここにあらずといった調子ではなく、気持ちを集中して食べなくてはならない。ドカ食いなどできず、スナックのように気軽に口にできるものでもない。もちろん、こんな変化をもたらす味覚は辛味だけではないし、ほかの味覚についても言えるだろう。

酸味の強い食品——ピクルス、すっぱい柑橘系の果物——を好んで食べる人、またニガウリやアーティチョークの蕾《ハート》などの、苦味にまさるものをたくさん食べる人の大半には、トウガラシは苦手な食べ物かもしれない。ただ、酸味も苦味も味覚のレベルにとどまるのに対し、トウガラシは味覚をはるかに超えた影響を与えている。脳神経のひとつ三叉《さんさ》神経に対し、柔らかい器官の細胞組織が火事になっていると警告を発することで、燃えるような辛さが口に残るだけでなく、前述した一連の交感神経反応を引き起こしているのだ。

トウガラシに依存性があるのかどうか、この考えはそもそも科学的な疑問に端を発していたが、その後、多くの人が信じる、食をめぐるある種の思い込みに変わっていった。ここではそれについて触れないが、トウガラシに対する西洋の嗜好については、アジアやアフリカとは異なる別の説明が必要だ。この食物がたどってきた長い歴史を知ったいま、アジアやアフリカでは、トウガラシは古くから大切な食材として用いられ、さらに高く評価されてきたことを知った。だがこうした地域では、英米などの英語圏の世界のように、早食いや大食い競争のような、マニアによる熱狂的な運動は起こらなかった。西側世界で見られる、より辛い品種開発やホットソース市場への殺到は、アジアやアフリカとは異なる別種の欲求に応えたものであり、その欲求については、豊かな社会をめぐる人類学的な検証が必要なように思える。

禁じられているものをあえて口にする意味

第11章の「悪魔のディナー」でも記したように、熱烈な愛好家に向けられたトウガラシの魅力には、禁じられているものをあえて口にする誘惑が大きくかかわっている。現在のように、かつてないほど健康への関心が高まっている風潮——大半は否定しようのない正論に根差している——のもとで、自分が食べるもの、飲むものの長期的な安全性をめぐる関心はますます高まっている。法律によって規制こそされていないが、飽和脂肪酸やトランス脂肪酸、塩分や砂糖、アルコールの過剰摂取で大勢が命を奪われることにでもなれば、緊急を要する大問題となり、医学的にも激しく突き上げられ、禁止という処置がとられることになる。厳しい目が食品に向けられているが、敬遠されているとはいえ、トウガラシに向けられた目はまったく異なり、もっと肯定的で、穏やかなものである。

こうした状況のもとでは、トウガラシを食べることがタブー視されるのはむしろ当然のようにも思える。だが人類は、トウガラシに対する生まれついての嫌悪感を楽々と乗り越えたばかりか、トウガラシを日常の食材として世界中に広めてきた。こうした事実が、恐れ知らずの激辛フェチたちに対し、最も大胆不敵な者のみに許された領域——灼熱のように辛い最強の品種のトウガラシにぜひ挑んでみようと思わせる。一キロのランプステーキを平らげて自身の消化能力を訴えるより、これほど意義を感じ、覇気を感じさせる挑戦はほかにはないだろう。そのリスクを負うことで、人に嫌悪感を抱かすのではなく、尊敬の念が得られるかもしれず、注意を怠らなければあとに残るようなケガを負うこともない。

しかし、この衝動も遅かれ早かれ徐々に醒めていくものである。覚醒剤のような精神を変える刺激薬とは異なり、トウガラシが法律で禁じられていないからだ。激辛フェチたちの仲間の一人でないかぎり、彼にとってトウガラシは、やがてありきたりな食べ物のひとつになっていく。一方、激しい辛さをあくまで探究する者は、どれだけ辛抱できたのか、その新記録樹立を永遠に求め続ける。とすると、トウガラシの魅力とは、本章の冒頭で触れた、単調で均質化してしまった食文化を活性化させることができるという、まさにその点にあるのではないだろうか。

数世紀に及ぶトウガラシの普及の歴史で、最も熱烈にトウガラシを取り込んできたのは、限られた種類の穀物を中心に食べてきた地域だった。トウガラシを取り入れたことで、彼らの日常食は食欲をそそるものに変わった。現在、このパターンがふたたび繰り返されているのだ。何世紀前もの昔、まだ発展途上にあった西洋の食事は、信仰に基づく質素なものから、贅を尽くした高級なフランス料理のように、食べ物に向けられた思いはさまざまで、費用の点でもさまざまな範囲に及んでいた。

しかし現在、西洋の食べ物は果てしない均質化へと後退してしまった。そうした画一性の結果、まるで給食のような食べ物で暮らしていくことに人々は慣れてしまった。そんな食事を変え、もっと食べる興味をそそるものに変えなくてはならないのだ。

チキンカレー・ピザやタイ・ピーナッツバター・バーガーなど、基本料理のバリエーションを編み出すのも食べ物への興味を引き出す手段のひとつだ。だが、基本の料理にひねりを加えるにせよ、どんな料理にも限りがあり、やがてお手上げ状態になって、ろくでもないアイデアしか出てこなくなる。トウガラシで食べるのも、そうした興味を引き出す方法のひとつである。トウガラシなら、アイデアを出し続ける必要もなく、料理の味わいをいつでも変えられる。トウガラシのミートボールサンドはいつ食べても、最初のひと口の衝撃は変わらない。

こうした衝撃は、料理ではなかなか得られる体験ではなかった。胃がむかつくような大食い大会の大半の記録にも書かれていない。この種の体験は個人の評価であり、この個人の評価は葛藤だらけの現代に生きる個人が何を求めているのかを示している。新しい官能が求められている食と文化の世界——実際はなんでもありの食と文化の世界において、トウガラシは生きる力を授ける現代の万能薬であると同時に、危険ではあるが、まとまりと規範を見失った人間社会の現状への解毒剤として、われわれに生気を与えてくれるのだ。

ジャンクフードに対する解毒剤

グローバル化された世界と均質化された食文化、それに対抗する決め手がグローバリゼーションそのもののなかから現れるとするなら、まさにトウガラシこそその鍵となる食べ物だろう。香辛料として最も幅広く栽培され、年間の総生産量はおよそ二五〇〇万トンに達しているだけに、地球規模の作物として最も秀でた食べ物であるのは紛れもない。人の舌が単調で均一な味の標準化に抵抗するうえで、トウガラシこそが特効薬となってくれるかもしれない。

特効薬としてのすばらしさは、どのような文化に従って考えるかしだいだ。インドや南アジア、東南アジアのように、食材が残らず辛く味付けされているような国では、辛さ体験は食べることそのものを意味している。ブータンの女性が言っていた、「トウガラシ抜きの料理ほどつまらないものはなく、食べる気にもなれない」という言葉を思い返してほしい。一方、経済的に優位な西側世界では、トウガラシを食べても、それはおもしろい食体験にすぎないという場合もある。その体験が広がっても、トウガラシを食べることは選択肢のひとつのままだ。

だが、熱狂的な同調者はまさにこうした状況から生み出された。彼らは、カプサイシンがもたらす悪魔的な恍惚へといたる途上、人生を一変させるような次なる激辛体験の機会を永遠に求めている者たちだ。ただ、その点では、トウガラシは辛さによって過剰に評価されている食材で、評価軸はかなりハイレベルとはいえ、もうひとつ別の画一性を生み出しつつあるようにも思えてくる。

口当たりのいいジャンクフードばかりを食べてきたせいで、西側世界では、受け身で萎縮した消費者が何世代にもわたって生み出されてきたと言われる。文化が生み出した高い達成度や自分たちが置かれた環境に対して、彼ら消費者は関心を示そうともしない。しかし、実態はむしろ逆ではないのだろうか。価値のない《ジャンク》文化のくだらない享楽に心を奪われ、あるいは大量生産のように捏造された知名度を尊ぶあまり、むしろそれにふさわしい、のっぺりとした食べ物が生み出されるのを許してきてしまったのだ。

トウガラシがジャンクフードに対する解毒剤だとしても、ある意味でトウガラシもすでにこうした影響や知名度に汚されているかもしれず、あるいは画一化された消費パターンを繰り返しているのかもしれない。ただ、口を焦がすような辛さの食物をわずかに――あるいは大量に――に加えることで、それを食べた者に対して、自分は口に入れたものを機械的に消化するのではなく、やはりものを食べて生きている存在なのだとまざまざと感じさせてくれる。トウガラシは大食漢イコール食べ過ぎという関係も変えた。どれほどの大食いでも、ポテトチップス一枚さえ食べられなくなるレベルまで食欲が満たされてしまうし、口の組織が辛さに耐えられない点にまで達してしまえば、もはや食べ続けることさえできなくなる。

痛みを感じるような非常に辛いものを好んで食べる経験は、明らかにネガティブな面が伴う。個人のレベルでは、嗜好を深めていくうえで、このネガティブな面が大きな意味を持っている。前出の心理学者ポール・ロジンと科学的研究が専門の心理学者からなる研究チームは、このことをテーマにして調査を行い、その結果を専門誌「判断と意思決定」（二〇一三年七月）に発表した。実験はロジンが唱える「軽度のマゾ」という観点に基づいて行われ、鼻を衝くような悪臭を放つチーズから、遊園地の絶叫マシーン、涙が出るほど痛いディープティッシュ・マッサージ、トウガラシなどの嫌悪感やネガティブな反応を引き起こすあらゆるものが実験の対象になった。

ネガティブな感情を引き起こす文化現象への好みは、少なくとも古典悲劇の時代にまでさかのぼり、現代でも変わらずにしっかり息づいている。これらへの嗜好は、お涙ちょうだいのメロドラマやもの悲しい音楽、さらにはテレビ番組の「あの人はいま」を見て、タレントの落ちぶれた姿に涙ぐむなど、広い範囲で取り込まれている。また、非常に多くの人たちが、ジェットコースターの空から落ちてくるような作りものの死の恐怖を楽しんでいた。

味覚に関しては、滅菌されていないソフトチーズ、ブルーチーズ、発酵ニシン、ピータンなどの熱烈な愛好者のなかに、ピリッとした辛味と苦味が好きだという者が大勢いた。研究者たちが気づいたように、味覚の場合、習慣的な接触のレベルや文化的背景が「軽度のマゾ」の発生に大きく影響していた。したがって、「トウガラシの口を焼くような痛みを喜ぶ感覚は、アメリカよりもメキシコのほうが一般的でさらに激しい」(2)と記されている。

何が起きていたのかといえば、激辛のトウガラシを食べている人が実際に堪能しているのは、トウガラシの灼熱感とともに、本来は無害な食べ物に対して起きた、体の防衛反応そのものであるようなのだ。感じる喜びの深さは、それぞれの人が、これなら我慢できると思えるレベルのぎりぎりの痛みを前提にしているのが特徴だ。だから、スコビル値があと一〜二SHU高ければもう我慢はできない。だが、自分の限界値を知り、その境界線のうえでなら、苦痛が快楽に変わる最適値に達し、トウガラシの辛さを楽しむことができるのである。

もっとも、こうしたネガティブな反応のすべてが快楽へと変わるわけではない。ロジンたちの研究チームも、生理的な嫌悪はやはり不快な感覚を招くと指摘している。さらにつけ加えるなら、退屈感もそうした感覚のひとつで、これまでどれだけ多くの人たちが、なんの変哲もない退屈に対する我慢強さを鍛えてきたことだろうか。

軽度のマゾヒズムを説明するうえでロジンらが特定した領域は、予測される脅威とその脅威が現実に起こる境目だ。「軽度のマゾヒズムは、身体（脳）が誤って脅威だと見なしたネガティブな体験を〝快〟と感じることをいう。実際に脅威など存在しないのに、脳があるとだまされているのだ。その結果、『肉体の困難を気力で制した』ことで快が引き出されている」[3]。言い換えるなら、私たちの体はホットソースを食べても実際に口のなかが火傷しないことに気づいている。だが脳は、食べたら火傷をすると判断したうえで辛さを楽しむことを許しているのだ。つまり、だまされているという身体の感受性より、脳の理性的な判断のほうが優位に立っているのだ。

このことは、ロジンの実験に参加した被験者にも明らかにあてはまる。彼らは激辛料理を積極的に楽しめる人たちなのだ。一方、カプサイシンの猛攻を受けて無事でいられるはずがないとなかなか信じられない人たちには、快への転換は起こらない。彼らにとってスパイスが利いた料理はずっと苦手なままなのだ。

だが、この話の核心には、今後の研究をますます興味深いものにしていく、さらにもう一段深いレベルが横たわっているのではないかと私は考えている。多くの人たちが「軽度のマゾ」体験を楽しめるのは、体を実際に傷つけることなく、確実にその状態に達すると認識しているからではなく、実は自分はその責めを負わなければならないとなぜか感じているからなのだ。心理学者のオフェル・ザーは二〇〇八年の論文で、被害者の心理的タイプの古典的な定義について触れており、彼らからもそうした心の状態が客観的に見てとれる。

「被害者は自己に対して無力感を常に覚え、自分を取り巻く環境は自分の生活にうまく影響を及ぼせないと感じている。こうした特徴に加え、被害者には、みずからの言動が招いた結果は自身の素質に起因するのではなく、状況や外部要因のせいだと考える傾向がうかがえる」。そして、被害者であることで得られるメリットのほうがまさっているかぎり、こうした傾向にある個人は、自分には「共感や同情を受ける正当な権利があり、過ちを犯しても、その責任を負うときちんと説明するという意識が欠落しており、不公正や身勝手に振る舞ってもその罰から逃れられる(4)」という意識を抱いているというのだ。

多分、痛みを感じるほど辛いトウガラシへの嗜好も、心の奥底に根を張った正体不明の欠点ゆえに、無意識のうちに自分自身に罰を加えるために食べているのかもしれない。とくに、スコビル値を更新する品種が発表されるたび、さらに辛いトウガラシへと自分を追い立てていく者に顕著に現れているのだろう。

不幸な社会状況を訴える感傷的なテレビ番組が放送され、そんな社会で孤立するトウガラシ愛好家について語られたとしよう。こうした社会では、おそらく彼らのような者たちが大多数を占めている。そうした彼らに対し、口にすれば焼けるような激しい痛みを与える食べ物が語りかけているのは、均質化された料理に彼らがいかに唯々諾々としたがい、飼い慣らされてきたのかという受け身の姿勢だ。西側世界の人間が激辛のトウガラシを食べるのは、まっとうな天然の滋養物を食べるという原理を断ち切った彼らに対する、食べ物からの逆襲にほかならない。いずれにせよ、西側世界に見られるトウガラシ体験は、ブータンの人たちやメキシコのナワトル族の体験とは同じではない。逆説的に言うなら、欧米のトウガラシ体験は、ハンバーグやピザが彼らの世界に君臨したときに成し遂げられるのかもしれない。

トウガラシは、ほかに例のない文化の道のりをたどってきた。原産地である南北アメリカ大陸の熱帯の茂みから始まった旅は、いまや色とりどりのホットソースの列となって専門店の棚に並んでいる。旅を介したのは、十六世紀の植民地経営を目的とした航海で、この航海をきっかけに、世界はひとつの巨大な市場へと変貌を遂げていく。世界のすみずみに行き渡ったトウガラシは、各地の料理に強烈な個性を授けるとともに、単調で栄養価がはなはだ欠けた土地の料理には、滋養と食べることへの驚きをもたらした。そして、途方もなく複雑に入り組んだ食物の歴史において、トウガラシは最も異様な食へのこだわりを持つ者たちさえ生み出してきた。

トウガラシにとってそれはまんざらでもなかった。だが、この小さな果実が人間にずっと語り続けてきたメッセージはただひとつ――それでも「哺乳類には食べられたくはない」だった。

謝辞

トウガラシの文化的伝播の様子は、近年、さまざまな学問領域を横断して広がる研究にうかがうことができる。本書の執筆に際し、私は多くの研究分野において、それぞれ第一人者とされる方たちと示唆に富む意見を交換することができた。研究テーマとしてのトウガラシは今後も発展を続けていき、私たちが想像もしていなかった、きわめて驚きに満ちた分野になるはずだと見なされている。私自身、混迷が続くこの二十一世紀において、私たちと食物との関係について、これまで以上の学びをこの分野がもたらしてくれるのではないかと考えている。トウガラシについては、さらに建設的に考え続けていかなくてはならないだろう。おそらく本書を書き上げた結果なのか、そうこう話しているいま、自作のチリコンカンにますます自信めいた思いを抱くようになった。

以下にお名前を記した方たちには、研究成果やご意見、貴重なお時間を惜しみなく授けていただくことができた。とくに感謝の意を申し上げたい。ニューメキシコ州立大学トウガラシ研究所のポール・ボスランド名誉教授、イギリス最大のトウガラシ同好会であるクリフトン・チリ・クラブのチリ・デーヴ、卓越したトウガラシ栽培家であり、またサウスカロライナ州フォートミルでパッカーブット・ペッパー・カンパニーの経営者でもあるエド・カリー、テキサス大学オースティン校歴史学研究所の食物史家レイチェル・ローダン、多方面にうかがえる男性の愚かさについて大胆な説を唱えるベン・レンドレム、ケンブリッジ大学の認知神経科学助教（当時）アグネス・ノーブリー、ペンシルバニア大学心理学科のポール・ロジン教授の感覚の心理学と感情に関する学際的な労作は、現状を分析するうえで本当に示唆に富むものだった。テキサスの食物史家でレストラン経営者、そしてトウガラシについて造詣の深いロブ・ウォルシュ——以上の皆様には心からのお礼を申し上げたい。

本書の刊行に際しては、編集上の方針に始まり、情報の共有、さらに今回の企画を立ち上げるきっかけとなったインスピレーションまでを最後まで維持できた。ライアン・ハリントン、ルーカス・ハントらとともに、私の担当編集者で原稿を細心の注意を払って読んでくれたダニエラ・ラップにも感謝の意を表したい。

また、本書の執筆を励ましてくれた家族、友人、同僚——とくにフーマン・バレカット、エリザベス・ガーナー、ロシェル・ベナブルズ、シェイラ・ウォルトン、ティム・ウィンターにお礼を申し上げる。

訳者あとがき

本書『トウガラシ大全』は、イギリスの作家スチュアート・ウォルトンの *The Devil's Dinner: A Gastronomic and Cultural History of Chili Peppers* を全訳したものである。原書は二〇一八年十一月にセント・マーチンズ・プレスから刊行された。原題を直訳すれば『悪魔のディナー：トウガラシの食物史と文化史』となる。本書のいたるところで「悪魔」「サタン」「地獄」などの言葉をはじめ、蠱惑的で官能的、時には邪悪でまがまがしいイメージを喚起させる表現が繰り返されているのは、原題にうかがえるこうしたモチーフを踏まえているせいである。

本書では、トウガラシをめぐる物語が広範に語られている。

第1部「トウガラシとは何か」では、野生のトウガラシとその栽培化とともに、なぜこの作物が辛くなったのかが生態学的に解き明かされるとともに、辛味成分のカプサイシンが人体に及ぼす影響が説かれている。また、五万種以上は存在するといわれるトウガラシについて、基本の五種を代表する一一〇種のトウガラシを紹介している。東欧やアジア、アメリカで開発された品種など、はじめて知るトウガラシも多いのではないだろうか。

第2部「トウガラシの歴史」には、原産地の中南米でそもそもトウガラシはどのように使われ、そのトウガラシを世界がどのように発見していったのかが書かれている。コロンブスがスペインに持ち帰ったトウガラシは、大航海時代の船に乗ってアフリカ大陸、ユーラシア大陸と伝わってふたたびアメリカ大陸へと渡った。謎の多い中国への伝来ルート、意外なのは、スペインに上陸したトウガラシは、陸路を東進してヨーロッパには伝播してゆかず、中東からオスマン・トルコを経由して東欧へと向かった点だ。当時の宗教感情や医学常識に基づく外来の食物への恐れから、ヨーロッパでの普及は他の大陸に比べると遅かった。

第3部「トウガラシの文化」では、辛さ（痛さ）に対する人間の感受性やトウガラシの効能などが、薬理や人体の機序を踏まえて説かれている。また、トウガラシとドラッグの類似性、催淫効果や中毒性をめぐる考証、先進国で広まるトウガラシムーブメントや激辛フェチを生み出した社会や時代背景が文化現象として考察されている。著者ウォルトンは、アルコール飲料に関する著作のほか、人間の酩酊意識や感情世界を思索的に論じた本も書いているので、第3部のテーマは彼がもっとも得意とする領域なのだろう。ファストフードという食のグローバリゼーションに支配された現在、トウガラシこそその解毒剤になる可能性を秘めているとウォルトンは訴える。その意味では、本書『トウガラシ大全』は、食の均質化に異を唱えるカウンターカルチャーの本として読むこともできそうだ。

それにしても、著者の「悪魔」へのこだわりは徹底している。ヴィクトリア朝の時代の香辛料で辛く味付け《デビリング》された料理を語る一方で、「デビル」「サタン」「ヘル」を名前に冠したトウガラシや、ホットソースに授けられた、罰当たりで不道徳な商品名を喜々として書き並べている。それでも、トウガラシ＝悪魔というイメージが日本人にも抵抗なく受け入れられるのは、この等式がすでに私たちの舌に組み込まれているからなのだろう。そのトウガラシは、江戸時代から薬味として親しまれてきた「唐辛子」とは異なる、舌を焼く痛さを味わう「トウガラシ」だ。

二〇一八年、日本では四度目に当たる激辛ブーム「マー活」が到来した。このときのブームでは、本書にも登場する四川山椒に代表される「花椒《ホアジャオ》」の痺れるような辛味（麻《マー》）が人気を呼んだ。そもそも日本ではじめての激辛ブームは、一九八〇年代半ば、間もなくバブル経済が始まろうというころに起きている。「カラムーチョ」や「カラメンテ」、「〇〇倍カレー」を最初に謳ったカレーチェーン「ボルツ」が登場し、一九八六年には「激辛」という言葉が新語・流行語大賞の新語部門で銀賞を受賞している（ちなみにこの年の新語部門の金賞は「究極」、流行語部分の金賞は「新人類」だった）。

二度目のブームは一九九〇年代で、タイ料理を中心にしたアジアのエスニック料理がもてはやされた。そして、二〇〇三年、あの「暴君ハバネロ」が三度目の激辛ブームに火をつける。当時、世界一辛いトウガラシと認定されていたハバネロを使ったスナック菓子で、それまでとは格段に異なる辛さを売りにし、これ以降、トウガラシが激辛の定番となる。商品名「暴君ハバネロ」は、ローマ帝国の第五代皇帝ネロの名前にかけた駄洒落で、パッケージは黒、そこに擬人化された真っ赤な炎のようなトウガラシが描かれていた。その絵柄は、ローマの暴君の印象よりも、地獄の闇に浮かぶ悪魔の強烈なイメージがまさっていた。そして、この商品の大ヒットを通じ、トウガラシ＝悪魔という等式が刷り込まれていったのではないのだろうか。

第2部ではトウガラシの日本伝来についても記され、日本ではトウガラシよりもワサビやショウガの需要が高いと書かれている。実際、日本のトウガラシ生産量は戦前まで、それほど大きくはなかったようだ。日本のトウガラシの歴史については、国立民族学博物館名誉教授で民族植物学を研究される山本紀夫氏の『トウガラシの世界史：辛くて熱い「食卓革命」』（中公新書）の第八章「七味から激辛へ――日本」で手際よく紹介されている。以下、同書に基づいて日本のトウガラシの普及をかいつまんで触れたい。

『トウガラシの世界史』によると、トウガラシの日本伝来は一五四二年もしくは一五五二年とする説が有力だという（本書では種子島にポルトガル人が漂着した一五四三年を採用している）。南米でトウガラシが栽培されるようになったのは紀元前七〇〇〇年ごろのことであり、日本の縄文時代早期に相当する。だが、伝来はあっという間だった。一四九二年のコロンブスの新大陸発見から数えれば、五〇年前後でヨーロッパから日本に持ち込まれた計算になる。

伝来したトウガラシは食用として口にすることは避けられ、薬として利用された。毒があるので「喰《くら》うべからず」と記す書物があれば、「瘡毒《そうどく》（梅毒）を動かす」と説いた江戸の医師もいた。そのトウガラシの普及に弾みをつけたのがソバの流行だった。ソバの薬味として七味唐辛子が欠かせないものとなり、トウガラシ売りともども、江戸の名物として知られるようになっていく。

明治を迎えると、食生活の洋風化とともにトウガラシの用途も広がっていった。その普及を大いに促したのがカレーであり、香辛料を使ったウスターソースだった。これ以降、トウガラシの栽培が本格化していき、昭和初年には主要産地の栃木、茨城でも生産が始まる。ただし、戦前の生産量はそれほど多くはなかった。

生産量を一変させたのが一九五〇年に勃発した朝鮮戦争である。朝鮮半島が焦土と化し、トウガラシどころではない。だが、トウガラシなしでは韓国兵の士気もあがらないことに気づいたアメリカは、日本産のトウガラシの買い付けを急いだ。山本教授は、「日本における朝鮮戦争の特需はよく知られているが、意外なことにトウガラシに特需があったのだ」と指摘している。また、戦後になって食生活にも変化が現れた。朝鮮料理や焼肉料理店が登場し、朝鮮漬け（キムチ）を介してトウガラシの豊かな辛さを知ったこと、さらに一九六四年の海外渡航の自由化によって海外で食べる料理を通じ、日本人がエスニック料理や激辛を味わう下地が整えられていったと『トウガラシの世界史』には書かれている。

＊

世界を旅してきたトウガラシは、言うまでもなくグローバルな作物である。普及の範囲ではまさに世界商品にほかならないが、この作物が砂糖、コーヒー、チョコレート、綿、穀物といった文字通りの世界商品と決定的に異なるのは、貧者の食卓を豊かにしてきたその一点に尽きるだろう。チョコレートの原料であるカカオ栽培では、現在でも児童労働が横行し、カカオの栽培に携わっていても、チョコレートの味を知らない年配の農民もいる。作物の成果が土地を離れて国外に流れ、他国で富が蓄積されることで、こうした収奪システムがますます強化されていくのが世界商品のもうひとつの素顔なのだ。しかし、トウガラシはそうではなかった。この作物は貧者から奪うのではなく、食べる喜びや健康を授けるために作り続けられてきた。

土地に適した品種を各地で生み出し、そのトウガラシを使ってさまざまな郷土料理が作られてきた。地理的な普及という意味では、すでにフロンティアを制覇したトウガラシだが、この作物が目ざす次のフロンティアは、どうやら味覚という人間の官能の世界となりそうだ。本書にも書かれているように、食のグローバリゼーションが進み、ますます均質化されていく食習慣と、それをよしとする人間の怠惰な舌に激しい衝撃を与え、人間は食べるものによって定まるという実感を改めて突きつける食べ物こそトウガラシだと著者は説いている。

さらに近年では、トウガラシの持つ薬理効果や健康効果に脚光が当てられ、その解明が進められている。小さな実には、多岐にわたる可能性が詰まっているようである。太古の昔から食べられてきた作物だが、その意味ではもっとも現代的な食べ物こそトウガラシだと言えそうだ。

最後になるが、トウガラシというきわめて興味深い作物を多角的に論じた一冊について、翻訳の機会を与えてくれた草思社取締役編集部長の藤田博氏にお礼を申し上げます。

二〇一九年八月

訳　者

(5) Agnes Norbury and Masud Husain, "Sensation-seeking:dopaminergic modulation and risk for psychopathology," *Behavioral Brain Research* 288, July 15, 2015, pp. 79–93.

(6) Patricia Riccardi, David Zaid ほか, "Sex Differences in Amphetamine-Induced Displacement of Fallypride in Striatal and Extrastriatal Regions," *The American Journal of Psychiatry*, 1 September 2006, ajp.psychiatryonline.org/doi/full/10.1176/ajp.2006.163.9.1639.

(7) Dr. Agnes Norbury への電子メールによる取材（2017年12月 3 日）。

(8) Ben Lendrem ほか, "The Darwin Awards: Sex Differences in Idiotic Behavior," *British Medical Journal*, December 11, 2014, bmj.com/content/349/bmj.g7094.

(9) Ben Lendrem への電子メールによる取材（2017年11月29日）。.

(10) "Ghost Pepper–Eating Contest Leaves Man with a Hole in His Esophagus, CBSNews.com, October 18, 2016, cbsnews.com/news/ghost-pepper-sends-man-to-hospital-hole-in-esophagus/.

第16章　味覚のグローバリゼーション

(1) Paul Bosland への電子メールによる取材（2017年11月30日）。

(2) Paul Rozin, Lily Guillot, Katrina Fincher, Alexander Rozin, and Eli Tsukayama, "Glad to Be Sad, and Other Examples of Benign Masochism," in *Judgment and Decision Making* 8:4, July 2013, pp. 439–447.

(3) 同上。

(4) Ofer Zur, "Rethinking ' Don't Blame the Victim:' The Psy chology of Victimhood," *Journal of Couples Therapy* 4: 3–4, October 2008, pp. 15–36, 以下のサイトで閲覧。zurinstitute.com/victimhood.html.

(5) Laurent Bègue ほか, "Some Like It Hot: Testosterone Predicts Laboratory Eating Behavior of Spicy Food," *Physiology and Behavior* 139 (1), February 2015, p. 375, 以下のサイトで閲覧。researchgate.net/publication/268978579_Some_like_it_hot_Testosterone_predicts_laboratory_eating_behavior_of_spicy_food.
(6) Waguih William IsHak 編, *The Textbook of Clinical Sexual Medicine* (San Francisco: Springer, 2017), p. 417.
(7) Rita Strakosha, "Modern Diet and Stress Cause Homosexuality: A Hypothesis and a Potential Therapy," April 9, 2017, psikolog1.wordpress.com/2017/04/09/modern-diet-and-stress-cause-homosexuality-a-hypothesis-and-a-potential-therapy/.
(8) Andrews, *Peppers: The Domesticated Capsicums* (Austin: University of Texas Press, 1995),p. 113.
(9) John McQuaid, Tasty: *The Art and Science of What We Eat* (New York: Scribner, 2016), p. 176.
(10) Bjeldbak, Gitte, Patent application: "Method for Attaining Erection of the Human Sexual Organs," September 8, 1998, google.com/patents/US6039951.
(11) M. Lazzeri ほか, "Intraurethrally Infused Capsaicin Induces Penile Erection in Humans," *Scandinavian Journal of Urology and Nephrology*, 28 (4), December 1994, pp. 409–12.

第13章　武器としてのトウガラシ

(1) Frances F. Berdan and Patricia Rieff Anawalt 編, *The Essential Codex Mendoza* (Berkeley: University of California Press, 1997), p. 123.
(2) 同上, p. 161.

第14章　超激辛と激辛フェチ

(1) Charles Dickens, *The Pickwick Papers* (London: Chapman and Hall, 1837)
(2) Paul Bosland への電子メールによる取材（2017年11月30日）。
(3) Ed Currie への電子メールによる取材（2017年12月 6 日）。
(4) Joe Nickell, "Peddling Snake Oil," *Skeptical Inquirer*, December 1998, csicop.org/sb/show/peddling_snake_oil.

第15章　男だけの世界

(1) "Climbing Mount Everest Is Work for Supermen," *The New York Times*, March 18, 1923.
(2) Lee Dye, "Studies Suggest Men Handle Pain Better," April 17, 2016, ABCNews.com, abcnews.go.com/Technology/story ? id=97662&page=1.
(3) "Chronic Pain Conditions,"(日付なし), webmd.com/pain-management/chronic-pain-conditions#1.
(4) Ed Currie への電子メールによる取材（2017年12月 6 日）。

第3部　トウガラシの文化

第11章　悪魔のディナー

(1)　Alan Davidson 編, *The Oxford Companion to Food* (Oxford University Press, 1999), p. 248.

(2)　Charles Dickens, *David Copperfield* (London: Bradbury and Evans, 1850).

(3)　Eneas Sweetland Dallas, *Kettner's Book of the Table, a Manual of Cookery, Practical, Theoretical, Historical* (London: Dulau and Com pany, 1877), p. 157.

(4)　同上。

(5)　Charles Lever, *O'Malley, the Irish Dragoon*, Volume 2 (Tucson, Ariz.: Fireship Press, 2008), p. 134.

(6)　Edgar Allan Poe, *The Complete Works of Edgar Allan Poe, Vol. VII: Criticisms* (New York: Cosimo Classics, 2009), p. 265.

(7)　Anthony Trollope, *The Warden* (London: Longman, Brown, Green, and Longmans, 1855).

(8)　Lauren Collins, "Fire-Eaters," *The New Yorker*, November 4,2013,newyorker.com/magazine/2013/11/04/fire-eaters.

(9)　nationalgeographic.com/travel/destinations/south-america/bolivia/bolivia-hot-sauce/.

(10)　Leigh Dayton, "Spicy Food Eaters Are Addicted to Pain," *New Scientist*, newscientist.com/ article/mg13418172-800-science-spicy-food-eaters-are-addicted-to-pain/.

(11)　Stephanie Butler, "The Natural High of Intoxicating Foods," history.com/news/hungry-history/the-natural-high-of-intoxicating-food.

(12)　Earth Erowid and Fire Erowid, "Hot Chiles: Surfing the Burn," November 2004,erowid.org/plants/capsicum/capsicum_article1.shtml#fer.

(13)　fatalii.net/FG_Jigsaw...boards.straightdope.com/sdmb/archive/index.php/t-248653.html...thehotpepper.com/topic/37166-best-tasting-superhot/.

(14)　Chris Kilham, "Hell Fire in Your Mouth,"(日付なし),medicinehunter.com/psychoactives.

第12章　官能の媚薬

(1)　"Spice It Up!" *Amy Reiley's Eat Something Sexy*, (日付なし), eatsome thingsexy.com/aphrodisiac-foods/chile-pepper/.

(2)　Maria Paz Moreno, *Madrid: A Culinary History* (Lanham Md.: Rowman & Littlefield, 2017), p. 45.

(3)　Jack Turner, *Spice: The History of a Temptation* (London: Harper Perennial, 2005), p. 215.

(4)　Sylvester Graham, *A Lecture to Young Men on Chastity* (Boston: GW Light, 1838), p. 47.

(6) Heather Arndt Anderson, *Chillies: A Global History* (London: Reaktion Books, 2016), p. 41.
(7) S. Compton Smith, *Chile con Carne; or, the Camp and the Field* (New York: Miller and Curtis, 1857), p. 99.
(8) Andrew F. Smith, *Eating History: 30 Turning Points in the Making of American Cuisine* (New York: Columbia University Press, 2009), p. 50.
(9) Charles Winterfield, "Adventures on the Frontiers of Texas and Mexico," *The American Whig Review*, 2: 4 (October 1845), p. 368.
(10) Francisco J. Santamaría, *Diccionario General de Americanismos* (Mexico City: Pedro Robredo, 1942).
(11) Edward King, "Glimpses of Texas I: A Visit to San Antonio," in *Scribner's Monthly* (January 1874), pp. 306–308.
(12) John Nova Lomax, "The Bloody San Antonio Origins of Chili Con Carne," August 10, 2017, texasmonthly.com/food/bloody-san-antonio-origins-chili-con-carne/.

第9章 トウガラシソース
(1) 引用元は Denver Nicks, *Hot Sauce Nation: America's Burning Obsession* (Chicago Review Press, 2017), p. 44.
(2) Jennifer Trainer Thompson, *Hot Sauce!* (North Adams, Mass.: Storey Publishing, 2012), pp. 15–16.

第10章 トウガラシの味と食感
(1) Pamela Dalton and Nadia Byrnes, "Psychology of Chemesthesis— Why Would Anyone Want to Be in Pain?," in Shane T. McDonald, David A. Bolliet and John E. Hayes 編, *Chemesthesis: Chemical Touch in Food and Eating* (Oxford: Wiley-Blackwell, 2016), p. 25.
(2) Paul Rozin, "Getting to Like the Burn of Chili Pepper: Biological, Psychological, and Cultural Perspectives," in Barry G. Green, J. Russell Mason, and Morley R. Kare 編, *Chemical Senses Volume 2: Irritation* (New York and Basel: Marcel Dekker, 1990), p. 239.
(3) Paul Rozin, "Preadaptation and the Puzzles and Properties of Pleasure," in Daniel Kahneman, Ed Diener, and Norbert Schwarz, *Well-Being: The Foundations of Hedonic Psy chology* (New York: Russell Sage Foundation, 2003), p. 125.
(4) 同上, p. 127.
(5) Paul Rozin からの電子メールによる著者への返信。2017年12月10日。

第6章 「赤々と輝き、信じられないほど美しい」

(1) E. N. Anderson, *The Food of China* (New Haven, Conn.: Yale University Press, 1988), p. xx.
(2) Charles Perry, " Middle Eastern Food History," in Paul Freedman, Joyce E. Chaplin, and Ken Albala, *Food in Time and Place: The American Historical Association Companion to Food History* (Oakland: University of California Press, 2014), pp. 107–19.
(3) Ho Ping-ti, "The Introduction of American Food Plants into China," *American Anthropologist* 57:2 (May 1955), pp. 191–201.
(4) Caroline Reeves, "How the Chili Pepper Got to China," *World History Bulletin* XXIV:1, (Spring 2008), pp. 18–19.
(5) Yang Xuanzhang and Li Piao, translated by Nick Angiers, "Hot Peppers in China," *China Scenic*, 2014, 以下のサイトで閲覧可能. chinascenic.com/magazine/hot-peppers-in-china-273.htm.

第7章 ピリピリからパプリカまで

(1) Ken Albala, *Eating Right in the Renaissance* (Berkeley: University of California Press), 2002, p. 240.
(2) 引用元は Amit Krishna De 編, *Capsicum: The Genus Capsicum* (London and New York: Taylor and Francis), 2003, p. 147.
(3) Joanne Sasvari, *Paprika: A Spicy Memoir from Hungary* (Toronto: CanWest Books, 2005), pp. 59–60.
(4) Dave DeWitt, *Precious Cargo: How Foods from the Americas Changed the World* (Berkeley, Calif.: Counterpoint, 2014), p. 86.
(5) Changzoo Song, "Kimchi, Seaweed, and Seasoned Carrot in the Soviet Culinary Culture: The Spread of Korean Food in the Soviet Union and Korean Diaspora," *Journal of Ethnic Foods* 3: 1 (March 2016), p. 80.

第8章 テキサスのチリとチリ・クイーン

(1) William Kitchiner, M.D., *The Cooks Oracle; and House keeper's Manual* (New York: J and J Harper, 1830). 以下のサイトで閲覧可能. archive.org/details/cooksoracleandh00kitcgoog.
(2) "History," penderys.com/history.htm.
(3) Rachel Laudan, *Cuisine and Empire: Cooking in World History* (Berkeley: University of California Press, 2013), p. 202.
(4) Robb Walsh, *The Chili Cookbook* (New York: Ten Speed Press, 2015).
(5) Rebecca Rupp, "To Bean or Not to Bean: Jumping into the Chili Debate," nationalgeographic.com,February 5, 2015, theplate.nationalgeographic.com/2015/02/05/the- great-chili-debate/.

第2部　トウガラシの歴史

第3章　アメリカのスパイス

(1)　Bruce D. Smith, "Reassessing Coxcatlan Cave and the Early History of Domesticated Plants in Mesoamerica," *PNAS*, July 5, 2005, www.pnas.org/content/102/27/9438.
(2)　Linda Perry and Kent V. Flannery, "Precolumbian Use of Chili Peppers in the Valley of Oaxaca, Mexico," *PNAS*, July 17, 2007, pnas.org/content/104/29/11905.full.
(3)　引用元は Andrew Dalby, *Dangerous Tastes: The Story of Spices* (Berkeley: University of California Press, 2000), p. 149 (translation modified).

第4章　三隻の船がやってきた

(1)　A. M. Fernandez de Ybarra, New York, 1906の翻訳による。以下のサイトで閲覧可能。ncbi.nlm.nih.gov/pmc/articles/PMC1692411/pdf/medlibhistj00007-0022.pdf.
(2)　A. M. Fernandez de Ybarra,New York, 1906の翻訳による。以下のサイトで閲覧可能。si.edu/bitstream/handle/10088/26153/SMC_48_Chanca%28Tr.Ybarra%29_1907_27_428-457.pdf?sequence=1&isAllowed=y.
(3)　Jack Turner, *Spice: The History of a Temptation* (London: Harper Perennial, 2005), p. 49.
(4)　Richard Eden の翻訳による。引用元は Jean Andrews, *Peppers: The Domesticated Capsicums* (Austin: University of Texas Press, 1995), p. 4.
(5)　Lizzie Collingham, *Curry: A Tale of Cooks and Conquerors* (London: Vintage, 2006), p. 50.

第5章　トウガラシが来た道

(1)　Angela Garbes, *The Everything Hot Sauce Book* (Avon Mass.: Adams Media, 2012), p. 6.
(2)　W. H. Eshbaugh, "The Genus *Capsicum* (Solanaceae) in Africa," Bothalia 14, 3 & 4, 1983, pp. 845–48.
(3)　Rachel Laudan, *Cuisine and Empire: Cooking in World History* (Berkeley: University of California Press, 2013), p. 202.
(4)　Heather Arndt Anderson, *Chillies: A Global History* (London: Reaktion Books, 2016), p. 69.
(5)　Gayatri Parameswaran, "Bhutan's Tears of Joy Over Chillies," September 9, 2012, aljazeera.com/indepth/features/2012/09/201299102918142658.html.

原 註

イントロダクション

(1) 2017年、北ウェールズの育種家マイク・スミスが開発したドラゴン・ブレスがキャロライナ・リーパーを抜いて世界一辛いトウガラシの座をつかみかけた。だが、この記録が認定されるまえにエド・カリーはリーパーの2倍の辛さを持つ新種の栽培に成功、ペッパーXと命名したと発表した。ペッパーXは現在、ギネスによる世界記録の認定を待っている（2019年5月現在）。

(2) Steven Leckart, "In Search of the World's Spiciest Pepper," *Maxim*, October 29, 2013, maxim.com/entertainment/search-worlds-spiciest-pepper.

(3) Thomas J. Ibach, "The *Temascal* and Humoral Medicine in Santa Cruz Mixtepec, Juxtlahuaca, Oaxaca, Mexico." Master's thesis, University of Tennessee, 1981.

(4) Zeynep Yenisey, "Hot and Spicy Condoms Now Exist, and We're Really Not Sure Why," *Maxim*, August 9, 2017, maxim.com/maxim-man/spicy-condoms-2017-8.

第1部　トウガラシとは何か

第1章　われらが愛すべき香辛料

(1) Joshua J. Tewksbury ほか, "Evolutionary Ecology of Pungency in Wild Chilies," *PNAS*, August 19, 2008, pnas.org/content/105/33/11808.full.

(2) Jun Lu, Lu Qi ほか, "Consumption of Spicy Foods and Total and Cause Specific Mortality," *BMJ*, August 4, 2015, bmj.com/content/351/bmj.h3942.

(3) Parvati Shallow, "Chili Peppers May Fire Up Weight Loss," CBS News, February 9, 2015, cbsnews.com/news/chili-peppers-may-fire-up-weight-loss/.

(4) Heather Lyu ほか, "Overtreatment in the United States, *PLOS ONE*, September 6, 2017, journals.plos.org/plosone/article?id=10.1371/journal.pone.0135892.

(5) Yin Tong Liang ほか, "Capsaicinoids Lower Plasma Cholesterol and Improve Endothelial Function in Hamsters, *European Journal of Nutrition*, March 31, 2012, link.springer.com/article/10.1007%2Fs00394-012-0344-2.

(6) Mustafa Chopan and Benjamin Littenberg, "The Association of Hot Red Chili Pepper Consumption and Mortality," *PLOS One*, January 9, 2017, journals.plos.org/plosone/article?id=10.1371/journal.pone.0169876.

(7) Ann M. Bode and Zigang Dong, "The Two Faces of Capsaicin," *Cancer Research*, April 2011, cancerres.aacrjournals.org/content/71/8/2809.

(8) A. Akagi ほか, "Non-carcinogenicity of Capsaicinoids in B6C3F1 Mice, *Food and Chemical Toxicology*, sciencedirect.com/science/article/pii/S0278691598000775.

Trollope, Anthony. *The Warden*. London: Longman, Brown, Green and Longmans, 1855.
Turner, Jack. *Spice: The History of a Temptation*. London: Harper Perennial, 2005.
Walsh, Robb. *The Chili Cookbook*. New York: Ten Speed Press, 2015.
Woellert, Dann. *The Authentic History of Cincinnati Chili*. Charleston, S.C.: The History Press, 2013.

American Historical Association Companion to Food History. Oakland: University of California Press, 2014.
Garbes, Angela. *The Everything Hot Sauce Book*. Avon, Mass.: Adams Media, 2012.
Graham, Sylvester. *A Lecture to Young Men, on Chastity*. Boston: G. W. Light, 1838.
Green, Barry G., J. Russell Mason, and Morley R. Kare 編. *Chemical Senses*, Volume 2: Irritation. New York and Basel: Marcel Dekker, 1990.
Hildebrand, Caz. *The Grammar of Spice*. London: Thames and Hudson, 2017.
IsHak, Waguih William 編. *The Textbook of Clinical Sexual Medicine*. San Francisco: Springer, 2017.
Kahneman, Daniel, Ed Diener, and Norbert Schwarz 編. *Well-Being: The Foundations of Hedonic Psychology*. New York: Russell Sage Foundation, 2003.
Keay, John. *The Spice Route: A History*. Berkeley: University of California Press, 2006.
Laudan, Rachel. *Cuisine and Empire: Cooking in World History*. Berkeley: University of California Press, 2013. 邦訳『料理と帝国：食文化の世界史 紀元前２万年から現代まで』（ラッセル秀子訳、みすず書房、2016年）
Lever, Charles. *O'Malley, the Irish Dragoon*, Volume 2. Tucson, Ariz: Fireship Press, 2008.
May, Dan. *The Red Hot Chilli Cookbook*. London: Ryland Peters and Small, 2012.
McDonald, Shane T., David E. Bolliet, and John E. Hayes 編. *Chemesthesis: Chemical Touch in Food and Eating*. Oxford: John Wiley and Sons, 2016.
McQuaid, John. *Tasty: The Art and Science of What We Eat*. New York: Scribner, 2016.
Moreno, Maria Paz. *Madrid: A Culinary History*. Lanham, Md.: Rowman & Littlefield, 2017.
Naj, Amal. *Peppers: A Story of Hot Pursuits*. New York: Alfred A. Knopf, 1992. 邦訳：アマール・マージ『トウガラシの文化誌』（林真理・奥田祐子・山本紀夫訳、晶文社、1997年）
Nicks, Denver. *Hot Sauce Nation: America's Burning Obsession*. Chicago: Chicago Review Press, 2017.
Poe, Edgar Allan. *The Complete Works of Edgar Allan Poe*, Vol 7: Criticisms. New York: Cosimo Classics, 2009.
Santamaría, Francisco J. *Diccionario General de Americanismos*. Mexico City: Pedro Robledo, 1942.
Sasvari, Joanne. *Paprika: A Spicy Memoir from Hungary*. Toronto: CanWest Books, 2005.
Smith, Andrew F. *Eating History: 30 Turning Points in the Making of American Cuisine*. New York: Columbia University Press, 2009.
Smith, S. Compton, *Chili Con Carne: or, The Camp and the Field*. New York: Miller and Curtis, 1857.
Thompson, Jennifer Trainer. *Hot Sauce!* North Adams, Mass.: Storey Publishing, 2012.

参考文献

Albala, Ken. *Eating Right in the Renaissance*. Berkeley: University of California Press, 2002.

Anderson, E. N. *The Food of China*. New Haven, Conn.: Yale University Press, 1988.

Anderson, Heather Arndt. *Chillies: A Global History*. London: Reaktion Books, 2016. 邦訳：ヘザー・アーント・アンダーソン『トウガラシの歴史』(服部千佳子訳、原書房、2017年)

Andrews, Jean. *Peppers: The Domesticated Capsicums*. Austin: University of Texas Press, 1995.

Berdan, Frances F., and Patricia Rieff Anawalt 編. *The Essential Codex Mendoza*. Berkeley: University of California Press, 1997.

Campbell, James D. *Mr. Chilehead: Adventures in the Taste of Pain*. Toronto: ECW Press, 2003.

Collingham, Lizzie. *Curry: A Tale of Cooks and Conquerors*. London: Vintage, 2006.

Dalby, Andrew. *Dangerous Tastes: The Story of Spices*. Berkeley: University of California Press, 2000.

Dallas, Eneas Sweetland. *Kettner's Book of the Table: A Manual of Cookery, Practical, Theoretical, Historical*. London: Dulau and Com pany, 1877.

Davidson, Alan 編. *The Oxford Companion to Food*. Oxford: Oxford University Press, 1999.

De, Amit Krishna. *Capsicum: The Genus Capsicum*. London and New York: Taylor and Francis, 2003.

DeWitt, Dave. *Precious Cargo: How Foods from the Americas Changed the World*. Berkeley, Calif.: Counterpoint Press, 2014.

DeWitt, Dave, and Paul W. Bosland. *The Complete Chile Pepper Book*. Portland Ore.: Timber Press, 2009.

Dickens, Charles. *David Copperfield*. London: Bradbury and Evans, 1850. 邦訳：チャールズ・ディケンズ『デイヴィッド・コパフィールド』(石塚裕子訳、岩波文庫、2002年ほか)

——. *The Pickwick Papers*. London: Chapman and Hall, 1837. 邦訳『ピクウィック・ペーパーズ』(田辺洋子訳、あぽろん社、2002年)

Floyd, David. *The Hot Book of Chillies*. London: New Holland, 2006.

Foster, Nelson, and Linda S. Cordell 編. *Chilies to Choco late: Food the Americas Gave the World*. Tucson: University of Arizona Press, 1992.

Freedman, Paul, Joyce E. Chaplin, and Ken Albala 編. *Food in Time and Place: The*

著者略歴――――
スチュアート・ウォルトン (Stuart Walton)
イギリスの作家。人文学や食物史を中心に1990年代から執筆活動を始める。とくにワイン、スピリッツ、リキュールに関する造詣は深く、一般向けのガイド本も数多く執筆している。主著には酩酊感を分析した *Out Of It: A Cultural History of Intoxication* (2001) や人間の感情を論じ、世界7カ国に翻訳された *Humanity: An Emotional History* (2004) などがある。英紙「ガーディアン」のブックブログの常連寄稿者としても知られている。アガサ・クリスティーの生誕地イングランド南西のトーキーで暮らす。
訳者略歴――――
秋山勝 (あきやま・まさる)
立教大学卒。出版社勤務を経て、翻訳の仕事に。訳書にリチャード・ローズ『エネルギー400年史』、ジャレド・ダイアモンド『若い読者のための第三のチンパンジー』、デヴィッド・マカルー『ライト兄弟』、ジェイミー・バートレット『操られる民主主義』(以上、草思社)、ジェニファー・ウェルシュ『歴史の逆襲』、マーティン・フォード『テクノロジーが雇用の75%を奪う』(以上、朝日新聞出版)など。

トウガラシ大全

どこから来て、どう広まり、どこへ行くのか

2019年9月24日 第1刷発行

著　者 スチュアート・ウォルトン
訳　者 秋山　勝
装幀者 Malpu Design (清水良洋)
発行者 藤田　博
発行所 株式会社 草思社
〒160-0022 東京都新宿区新宿1-10-1
電話 営業 03(4580)7676 編集 03(4580)7680

本文組版 株式会社 キャップス
本文印刷 株式会社 三陽社
付物印刷 中央精版印刷 株式会社
製本所 大口製本印刷 株式会社

ISBN978-4-7942-2414-9 Printed in Japan 検印省略